云计算技术实践系列丛书

企业级 Kubernetes 应用

基于混合云 Kubernetes 环境下的应用部署与运维

Kubernetes in the Enterprise

[美] Michael Elder　Jake Kitchener　Dr.Brad Topol　著

张琦翔　周鹏飞　殷龙飞　译

電子工業出版社

Publishing House of Electronics Industry

北京・BEIJING

内 容 简 介

Kubernetes 从 2015 年 7 月 21 日发布 1.0 版本，经过三年多的时间不断发展至今，其作为开源的容器应用自动部署、调度和管理平台而被大众广泛接受，在全球收获了一大批粉丝和拥护者。

本书从容器及 Kubernetes 的起源开始，循序渐进地介绍了 Kubernetes 的各类核心概念；从实际场景出发，举例说明了应用部署的过程，并结合持续交付和运维进行了阐述。同时本书内容也覆盖了混合云的使用场景，以及 Kubernetes 的未来应用方向。书中还介绍了社区贡献的相关内容，非常适合对 Kubernetes 有兴趣的技术人员阅读和学习。

图书在版编目（CIP）数据

企业级 Kubernetes 应用 / （美）迈克尔·埃尔德（Michael Elder）等著；张琦翔，周鹏飞，殷龙飞译. 一北京：电子工业出版社，2019.8
（云计算技术实践系列丛书）

书名原文: Kubernetes in the Enterprise

ISBN 978-7-121-36936-0

Ⅰ. ①企… Ⅱ. ①迈… ②张… ③周… ④殷… Ⅲ. ①云计算一研究 Ⅳ. ①TP393.027

中国版本图书馆 CIP 数据核字（2019）第 124941 号

责任编辑：刘志红（lzhmails@phei.com.cn）　　特约编辑：李　姣
印　　刷：北京盛通数码印刷有限公司
装　　订：北京盛通数码印刷有限公司
出版发行：电子工业出版社
　　　　　北京市海淀区万寿路 173 信箱　邮编　100036
开　　本：787×1 092　1/16　印张：13　字数：249.6 千字
版　　次：2019 年 8 月第 1 版
印　　次：2023 年 12月第 4 次印刷
定　　价：79.00 元

凡所购买电子工业出版社图书有缺损问题，请向购买书店调换。若书店售缺，请与本社发行部联系，联系及邮购电话：（010）88254888，88258888。

质量投诉请发邮件至 zlts@phei.com.cn，盗版侵权举报请发邮件至 dbqq@phei.com.cn。
本书咨询联系方式：（010）88254479，lzhmails@phei.com.cn。

译者序

Kubernetes 发展至今，已经成为容器平台事实标准，也有人说后 Kubernetes 时代已经到来，无论是何种说法，Kubernetes 的成熟和稳定已经成为公认的事实。本书对 Kubernetes 的各类概念、持续集成发布、混合云的应用场景，以及对于未来发展趋势的预测都分别进行了阐述。

非常荣幸能为本书的译者和校对人员代笔作序。2017 年年初，我开始关注 Kubernetes，也有幸能在之后的时间里积极参与到社区中，与社区中广大的技术爱好者共同见证了 Kubernetes 的蓬勃发展。在 2018 年上海 Kubecon 会议上，获得了原书作者之一 Brad Topol 的签名赠书，更是有缘能够在宋净超的牵头下与社区里另外两位技术友人殷龙飞和周鹏飞承担了本书的翻译工作。希望本书能为读者带来一些收获和启发。也欢迎勘误，并提出宝贵意见。

最后，我想感谢宋净超对于本书翻译工作的组织，感谢电子工业出版社编辑刘志红对于本书版权引进所做出的努力，感谢殷龙飞和周鹏飞的共同努力。我还要感谢参与此次项目的俞仁杰、施文翰、李显洋等社区友人，感谢你们对此次翻译工作提出的建议，感谢你们对校对工作的贡献。

张琦翔

2019 年 3 月

译者介绍

张琦翔

Kubernetes 社区译者，New contributor ambassador，开源技术爱好者，关注 Kubernetes 和 Service Mesh 发展，致力于推动企业内部开源容器方案落地。

周鹏飞

青云 QingCloud 技术文档工程师 & DockOne 社区译者，参与 KubeSphere 开源容器管理平台和 OpenPitrix 开源多云应用管理平台的产品设计与技术文档（中/英）开发工作，对 Kubernetes、DevOps、Service Mesh 有大量实践经验。

殷龙飞

软件开发者，译者，讲师。拥有多年编程经验。目前主要感兴趣的领域是软件架构和方法学，致力于提高软件开发的品质和效率。现居北京。

序　言

欢迎阅读《企业级 Kubernetes 应用》一书。

伟大的技术呈现出多种多样的形式。有些在开始时并不起眼，它们可能是一个人在安静地独自工作，或尝试用自己的方式解决一个具体问题时创造出来的，比如 Ruby on Rails 和 Node.js 的发展就是它们的创造者做梦也没想到的。其他的技术产生了立竿见影的影响，其中最罕见的一些能够在短短的一两年内（也就是我们行业中的一瞬间里）就得到广泛支持。Kubernetes 和容器就是这样的技术。它们代表着行业平台的根本性转变，这个转变和 HTTP 及 Linux 一样关键。

从 20 世纪 90 年代以来，这是在行业内第一次出现这样的现象：从供应商到企业到个人都在推动一个平台向前发展，但我们并不知道这究竟意味着什么，我们只是很吃惊。新的业务、实践和工具都会涌现，现在正是创建新事物的大好时机。随便挑一些，如互联汽车、数字化家居、健康技术、农业技术、无人机、按需建设、区块链，等等，而这份长长的清单还在增长。

人们会使用这些技术，而这些技术建立在以 Kubernetes 为核心的云原生工具上。容器会帮助人们简化应用程序路径，将它转换成云就绪状态，并可以采用新的架构，例如微服务。诸如 GitOps 之类的实践会让持续交付和可观测性变得更快捷。

这样的变化对于大公司来说是一个巨大的机遇，可以借此转换到新的数字化平台和市场上。

IBM 已经不是第一次站在这样的变革前沿了，在 Istio、etcd、服务目录、Cloud Foundary，当然还有 Kubernetes 这些项目都是如此。我亲自与作者们一起合作，率先采用 Kubernetes 和它的家，即云原生计算基金会。读者在这里能得到专家们的帮助——整个团队的成员都是开源社区的领导者，并在实际大规模部署中投入了大量工作。

在本书中，读者会发现知识是以一套模式和实践的方式呈现的。所有的公司都可以应用这些模式，来创造以 Kubernetes 为核心的生产级的云原生平台。读者，应用程序由你决定——一个令人兴奋的世界即将到来。

——*Alexis Richardson*

CEO

云原生基金会 TOC 主席

前　言

Kubernetes 是容器化应用编排部署的云基础架构。Kubernetes 项目由非常活跃的开源社区支持，并且该社区正持续爆炸式地增长。在主要供应商和无数贡献者的支持下，Kubernetes 已经成为云原生计算应用的标准。

虽然 Kubernetes 对于改进企业云原生应用的创建部署方式有着巨大的潜能，但是将 Kubernetes 运用到许多企业环境中是困难的。本书面向那些希望能运用 Kubernetes 创建、管理、部署和运行容器化云原生应用的开发和运维人员。

本书的结构能够让刚开始接触 Kubernetes 的开发和运维人员扎实地理解 Kubernetes 的基础概念。此外，对已经充分了解了 Kubernetes 的资深实践者，本书中有几章会重点讨论在私有云、公有云及混合云的环境中选择创建企业级 Kubernetes 应用。同时还使开发和运维人员能够快速掌握生产级企业云原生应用的关键方面，例如持续交付、日志收集和分析、安全性、调度、自动扩展、网络、存储、审计和合规性。另外，本书总结了一些有用的资源和方法，可令读者很快成为 Kubernetes 的贡献者。

第 1 章是容器和 Kubernetes 的介绍。探讨了云原生计算基金会（CNCF），以及其开放式治理模型和一致性认证工作带来的生态系统增长。在第 2 章中，我们会对 Kubernetes 的架构进行概述，描述了运行 Kubernetes 的几种方法，并且介绍了许多基本构造，包括 Pod、ReplicaSet 和 Deployment。第 3 章介绍了更多关于 Kubernetes 的高级功能，如负载均衡、卷支持和配置基本单元，如 ConfigMap、Secret、StatefulSet 和 DaemonSet。第 4 章描述了如何将我们的生产应用运行在企业级 Kubernetes 上。在第 5 章中，我们概述了企业应用常用的持续交付方法。第 6 章聚焦于企业应用的运维和排错上，如微服务的日志收集、分析和健康管理。第 7 章深度阐述了如何操作 Kubernetes，并讨论了多个主题，如访问控制、自动扩展、网路、存储和在混合云上的应用。在第 8 章中，我们描述了 Kubernetes 开发人员的体验。最后在第 9 章中，我们讨论并总结了 Kubernetes 的未来发展领域。

鸣谢

我们要感谢整个 Kubernetes 社区的热情和贡献，以及对于 Kubernetes 项目提交的巨量代码。如果没有这些开发人员、代码复审人员、文档作者和运维人员对于项目多年来不断做出贡献，Kubernetes 就不会像今天这样拥有如此丰富的功能集，广泛的采用率及庞大的生态系统。

我们也要感谢我们的 Kubernetes 同事，Zach Corleissen、Steve Perry、Joe Heck、Andrew Chen、Jennifer Randeau、William Dennis、Dan Kohn、Paris Pittman、Jorge Castro、Guang Ya Liu、Sahdev Zala、Srinivas Brahmaroutu、Morgan Bauer、Doug Davis、Michael Brown、Chris Luciano、Misty Linville、Zach Arnold 和 Jonathan Berkhahn，感谢大家多年来的完美合作。

我们还要感谢 John Alcorn 和 Ryan Claussen，他们是我们在本书中使用的 Kubernetes 应用示例的原始作者。同时，我们也要感谢 Irina Delidjakova 对于所有 Db2 材料的审核和贡献。

特别感谢 Angel Diaz、Todd Moore、Vince Brunssen、Alex Tarpinian、Dave Lindquist、Willie Tejada、Bob Lord、Jake Morlock、Peter Wassel、Dan Berg、Jason McGee、Arvind Krishna 和 Steve Robinson 在这个过程中给予的所有支持和鼓励。

——*Michael*，*Jake* 和 *Brad*

我们还要感谢 John Alcorn 和 Ryan Claussen，他们是我们在本书中使用的 Kubernetes 示例应用程序的作者。我们还要感谢 Irina Delidjakova 在书中对 Db2 内容的宝贵建议。

非常感谢 Angel Diaz、Todd Moore、Vince Brunssen、Alex Tarpinian、Dave Lindquist、Willie Tejada、Bob Lord、Jake Morlock、Peter Wassel、Dan Berg、Jason McGee、Arvind Krishna 和 Steve Robinson 也为本书提供了宝贵的反馈意见。

—— Michael、Jake 和 Brad

目　录

第 1 章
容器和 Kubernetes 介绍

在本章中，我们将介绍容器和 Kubernetes 的历史背景，然后将描述云原生计算基金会的创建，以及其在 Kubernetes 生态系统爆炸性增长中所起的作用。最后概述了 Kubernetes 一致性认证（Kubernetes Conformance Certification）倡议，该倡议对于确保 Kubernetes 互操作性，支持可移植工作负载及维护一个内聚的开源生态系统是至关重要的。

容器的崛起

在 2012 年，大多数云环境的基础是一个虚拟化基础架构，这为用户提供了实例化多个虚拟机（VM）的能力。虚拟机可以挂载卷存储，并在支持各种网络虚拟化方案的云基础架构上运行。这类云环境可以比以前更快地为 Web 服务栈等分布式应用程序提供运行环境。在这类云基础架构出现之前，如果应用开发人员需要构建一个 Web 应用，他们往往需要等上数周，直到基础设施团队完成 Web 服务器和数据库的安装配置，以及配置新机器之间的网络路由之后才可以构建应用。相比之下，应用开发人员现在可以利用新型云环境，在不到一天的时间内自助地为应用配置相同的基础架构。

尽管基于虚拟机的新型云环境已经在正确的方向上迈进了一大步，但是效率低下的问题依旧很明显。例如，虚拟机启动需要比较长的时间，同样，虚拟机快照也需要花费较多的时间。此外，每个虚拟机通常都需要大量资源，这限制了虚拟机所在宿主物理机资源的最大化利用。

在 2013 年 3 月的 Pycon 大会上，Solomon Hykes **提出了一种不依赖虚拟机在云上部署 Web 应用**（https://www.youtube.com/watch?v= wW9CAH9nSLs）的方法。他演示了如何使用 Linux 容器创建一个独立的可部署软件单元。这个新的可部署软件单元被恰当地命名为容器（Container）。与虚拟机层的隔离不同，软件容器单元提供了进程级别的隔离。在容器中运行的进程被赋予单独隔离的文件系统，并被分配了网络连接。Solomon 宣布，他们创造的软件被命名为 Docker（该软件能让应用在容器中运行），并将其作为开源项目使用。

对于许多云应用开发人员来说，他们已习惯于在虚拟机中部署应用。首次接触 Docker 的经历对他们来说简直就是脑洞大开的一件事。使用虚拟机时，通过实例化虚拟机来部署应用程序可能需要几分钟。相比之下，部署 Docker 容器镜像仅需要几秒钟。因为实例化 Docker 镜像更类似于在 Linux 机器上启动新进程，所以对性能有极大的提升。与实例化一个全新的虚拟机相比，这是一个相当轻量级的操作。

当云应用开发人员想更新虚拟机镜像版本并做一个快照时，容器镜像同样也表现出卓越的性能。通常来说，虚拟机快照非常耗时，因为它需要写出整个虚拟机磁盘文件。由于 Docker 容器使用了多层级的文件系统，如果在这种情况下进行了变更，系统会把该变更作为文件系统的更改写入新的文件系统层中。因此，制作一个新版本的 Docker 容器镜像快照可以仅通过写出一层新的文件系统来完成。在许多场景中，新的容器镜像的文件系统变化量非常小，因此快照的操作效率极高。对于许多刚开始尝试用容器的云应用开发人员来说，很快就会发现这种新方法具有巨大的潜力，用于改善当前在云中部署应用的技术水平。

还有一个问题阻碍了容器镜像的应用的发展：感觉不可能将企业级中间件作为容器镜像运行。为了研究运行这些镜像的难点，我们采取了先进的原型设计方案。这很快就证明了，开发人员可以成功地以容器镜像来运行 WebSphere Liberty, Db2 Express 等企业中间件。有时可能需要进行一些更改或者升级 Linux 内核，但一般来说，Docker 容器镜像是适合用于运行企业级中间件的。

使用容器部署 Web 应用的方法在短时间内有了显著成长，并且很快就在各种云平台上得到支持（https://www.docker.com/company）。以下总结了在云环境中使用容器镜像相比于使用虚拟机镜像来部署软件的主要优势。

容器镜像比虚拟机镜像的启动速度快得多

启动一个容器镜像实质上等同于启动一个新的进程。相比之下启动一个虚拟机镜像需要先启动一个操作系统（OS）和相关的服务，而这将更加费时。

制作容器镜像快照比制作虚拟机快照快得多

容器使用分层文件系统，对文件系统的任何更改都会缩写为一个新层。对于容器镜像，制作容器镜像新快照只需要保存容器内运行的进程所创建的新文件系统层。而在制作虚拟机镜像实例快照时，需要写出整个虚拟机磁盘文件，通常这是一个非常耗时的过程。

容器镜像远小于虚拟机镜像

典型的容器镜像都是兆（MB）级别的，而虚拟机镜像通常都是千兆（GB）级别的。

一次构建，随处运行

容器使开发人员能够在他们的笔记本电脑上构建和测试容器镜像，并且将其部署到云上。开发人员清楚地知道不仅是同样的代码会在云上运行，而且整体运行时的每个字节也都会是一致的。在虚拟化和传统平台服务（PaaS）上，开发人员通常在他们本地的运行环境下进行测试，但无法控制云上运行的时间。这会降低开发人员的信心，并且带来更多的测试要求。

更好的资源利用率

因为容器镜像相对小得多，又是运行在进程级别，所以会比虚拟机消耗更少的资源。因此，在同一台物理机上部署的容器数量比部署虚拟机的数量要多。

在下一节中，我们会介绍 Kubernetes 的背景知识，Kubernetes 是一个用于管理和编排容器镜像的平台。

Kubernetes 将为容器提供可编排和管理的基础架构

如上所述，Docker 负责为开发人员引入容器应用的概念。

Docker 为容器开发和镜像存储仓库提供了非常易用的工具。然而，Docker 并不是唯一一家拥有在云环境中使用容器化应用经验的公司。

十多年来，谷歌一直采用 Linux 容器作为其云端应用部署的基础[1]。谷歌拥有丰富的编排和管理大规模容器的经验，并开发了三代容器管理系统：**Borg**，**Omega** 和 **Kubernetes**（https://kubernetes.io）。Kubernetes 是谷歌开发的最新一代容器管理系统，它是在吸取了 Borg 和 Omega 的经验教训基础上重新设计的，并被作为一个开源的项目。Kubernetes 提供了几个关键特性，大大改善了开发和部署基于容器的可扩展云端应用的体验。

声明式部署模型

在 Kubernetes 发布之前，大部分云基础架构提供基于脚本语言（如 Ansible，Chef，Puppet 等）的编程方法，用于自动化部署。相比之下，Kubernetes 使用了声明式方法来描述系统的期望状态。Kubernetes 基础设施负责在必要时（例如当容器失败时）启动新的容器，以达到期望的声明状态。声明式模型在传达所需的部署操作时会更加清晰，相比于过去尝试去读懂或者翻译一个脚本来确定什么是期望的部署状态来说，这种方法向前迈进了一大步。

内置多副本（replica）和自动缩放（autoscaling）的支持

在一些 Kubernetes 之前的云基础架构中，对应用程序副本的

1 Brendan Burns. Borg, Omega and Kubernetes: Lessons Learned from Three Container-Management Systems over a Decade (http://bit.ly/2vIrL4S). ACM Queue 14(2016)：70-93.

支持和提供自动缩放功能不是核心基础架构的一部分，而且在某些情况下从未成功实现。而这些功能作为 Kubernetes 的核心功能被提供，极大地提高了其编排功能的鲁棒性和可消费性。

改进的网络模式

Kubernetes 将一个单独的 IP 地址映射到 Pod，Pod 是 Kubernetes 最小的容器聚合和管理单元。这种方法使网络标识与应用标识保持一致，并且简化了 Kubernetes 上运行的软件[2]。

内置健康检查的支持

Kubernetes 提供容器健康检查和监控能力，降低了故障发生时排查问题的复杂程度。

即便 Kubernetes 具有所有以上提到的这些创新能力，企业仍然不愿采用由单一供应商支持的开源项目技术，尤其在可以采用其他替代容器编排方案（如 Docker Swarm 等）的时候。然而，如果 Kubernetes 是一个由多供应商支持，同时也是任人唯贤的开源项目，并且该项目还对于开源贡献提供了稳固治理政策和公平竞争环境的时候，企业就会更愿意采纳它。在 2015 年，为解决这些问题而成立了云原生计算基金会（Cloud Native Computing Foundation）。

---

2 Brendan Burns. Borg, Omega, and Kubernetes: Lessons Learned from Three Container-Management Systems over a Decade (http://bit.ly/2vIrL4S). ACM Queue 14(2016)：70-93.

云原生计算基金会为Kubernetes的规模提供了建议

2015 年，Linux 基金会创建了云原生计算基金会（CNCF）[3]。CNCF 的使命是创建并推动采用一种新的计算机范例，该范例对能够扩展到数万个自愈多租户节点的现代分布式系统环境进行了优化[4]。为了支持这个新的基金会，谷歌将 Kubernetes 捐赠给了 CNCF，作为其种子技术。有了 Kubernetes 作为其生态的核心，CNCF 已经发展为拥有超过 250 家会员的公司，会员包括谷歌云、IBM 云、亚马逊网络服务（AWS）、Docker、微软 Azure 云、红帽（Red Hat）、VMware、英特尔、华为、思科、阿里云等[5]。此外，受 CNCF 生态系统托管的开源项目已经增长到了 17 个，包括 Prometheus、Envoy、GRPC 和许多其他项目。最后，CNCF 也培育了几个处于早期阶段的项目，并将 8 个新兴技术项目纳入了 Sandbox 计划中。

凭借 CNCF 基金会的厂商中立的重要性，Kubernetes 不断发展，已经拥有了超过 **2 300 名来自各行各业的贡献者**（https://www.cncf.io）。除了托管多个云原生项目，CNCF 还提供了培训、技术监督委员、理事会、社区基础设施实验室和多个认证项目。在下一节中，我们将介绍 CNCF 非常成功的 Kubernetes 一致性认证，该认证专注于改善 Kubernetes 互操作作性和负载可移植性。

---

3 Vaughan-Nicholls，StevenJ. Cloud Native Computing Foundation seeks to forge cloud and container unity. ZDNet，2015-07-21.

4 在云原生计算基金会（CNCF）网站上查看《云原生与计算基金会章程》（https://www.cncf.io/ about/charter/）。

5 在云原生计算基金会（CNCF）网站上查看成员列表（https://www.cncf.io/about/members/）

CNCF Kubernetes 一致性认证聚焦用户需求

开源项目的一个主要卖点是：不同供应商发行的项目是可互操作的。客户非常关心对供应商锁定的问题：可以轻松地更换提供开源基础架构的供应商至关重要。在 Kubernetes 的概念中，它需要让用户能够轻松地将一个供应商 Kubernetes 平台上的负载迁移到另一个供应商的 Kubernetes 平台上。类似地，用户可能会有正常运行于本地私有 Kubernetes 云环境上的负载，但在节假日期间，负载也能分配到公有 Kubernetes 云环境上额外的资源。出于这些原因，来自不同供应商的 Kubernetes 平台必须具有互操作性，并且工作负载可轻松移植到不同的 Kubernetes 环境中，这都是至关重要的。

幸运的是，在 Kubernetes 发行版中出现任何正式分支之前，CNCF 在 Kubernetes 生命周期的早期就确定了必须满足这一关键需求。CNCF 成立了 **Kubernetes 一致性认证工作组**（https://www.cncf.io/certification/software-conformance/），该工作组的使命是提供一个软件一致性检查程序和测试套件，任何 Kubernetes 平台都可以使用它来证明其符合一致性要求并且是具有可互操作的。

截至撰写本书时，有 60 家供应商的发行版已成功通过了 Kubernetes 一致性认证测试。Kubernetes 一致性工作组**持续取得突出的进展**（https://ibm.co/2DJ935M），聚焦于诸如提高一致性测试覆盖率，自动生成一致性参考测试文档的课题，更是 **KubeCon Austin 2017 主题演讲**（http://bit.ly/2OiMSXW）的一大亮点。

总结

本章节讨论了使 Kubernetes 成为编排和管理云原生技术应用事实标准的各种关键因素。其声明式模型，内置对于自动缩放的支持，改进的网络模型，对于健康检查的支持和 CNCF 的背书共同为 Kubernetes 带来了一个充满活力且不断发展的生态系统，并在云应用和高性能计算领域得到应用。在第 2 章中，我们会对 Kubernetes 的架构和功能进行更深入的探讨。

第2章 Kubernetes基础主题

在这个章节中，我们会介绍 Kubernetes 的基础知识，从 Kubernetes 的整体架构和部署模式开始，之后会介绍一些 Kubernetes 的运行选项和各种部署环境知识。最后我们会描述并提供几个有关 Kubernetes 的基础概念的例子，包括 Pod、Label、Annotation、ReplicaSet 和 Deployment。

Kubernetes 架构

Kubernetes 的架构相对比较直观。它是由一个 **master** 节点和一组 **worker** 节点（https://kubernetes.io/docs/concepts/overview/components/）组成的。节点可以是物理机，也可以是虚拟机。Kubernetes 用户与 *master* 节点可以通过命令行接口（kubectl），应用程序接口（API）或是图形化界面（GUI）进行交互。*master* 节点负责管理节点间的调度工作。在 Kubernetes 中，被调度的工作单元被称为 Pod，Pod 可以包含一个或多个容器。在 *master* 节点上运

行的基本组件有 *kube-apiserver*，*kube-scheduler*，*etcd* 和 *kube-controller-manager*：

kube-apiserver

kube-apiserver 提供了能够被用来操作 Kubernetes 环境的 Kubernetes API。

kube-scheduler

kube-scheduler 组件用于选择在哪些节点上创建和运行 Pod。

kube-controller-manager

Kubernetes 提供了几个高度抽象的对象，用以支持 Pod 的多副本、管理节点等功能。每个对象都对应地由一个控制组件实现，我们会在本章节的后面描述这部分内容。kube-controller-manager 负责管理和运行控制组件。

etcd

etcd 组件是一个分布式键值对（key-value）存储，并且是 *master* 节点和 *worker* 节点间通信的主要基础。这个组件存储和复制 Kubernetes 环境的关键状态信息。Kubernetes 出色的性能和扩展特性依赖于 etcd 的高效通信机制。

worker 节点负责运行被调度到其上的 Pod。在 Kubernetes 的 worker 节点上的主要组件有 kubelet，kube-proxy 和容器运行时间（container runtime）。

kubelet

kubelet 负责确保每个 Pod 中的容器被创建和持续保持运行。kubelet 在发现容器意外终止时会重启它们。

kube-proxy

Kubernetes 的主要优势之一就是为容器提供网络支持。kube-proxy 组件以连接转发、负载均衡和单 IP 映射 Pod 的模式提供网络支持。

Container runtime

容器运行时间组件负载实际运行每个 Pod 中的容器。Kubernetes **支持多种容器运行时间环境选项**（http://bit.ly/2ObXoAn），包括 Docker、rkt 和 containerd。

图 2-1 图形化展示了 Kubernetes 的架构，包含了一个 master 节点和两个 worker 节点。

如图 2-1 所示，用户使用 GUI 或者命令行（kubectl CLI）与 Kubernetes 的 *master* 节点交互。这两种方法都使用 Kubernetes 暴露的 API 与 Kubernetes 的 *master* 节点交互。Kubernetes *master* 节点把 Pod 调度到不同的 *worker* 节点上运行，每个 Pod 包含一个或多个容器，每个 Pod 都会分配到自己的 IP 地址。在许多实际应用中，Kubernetes 对于同一个 Pod 部署多个副本，以提高可扩展性和确保高可用性。Pod A1 和 A2 是同一个 Pod 的多副本，它们只有 IP 地址是不相同的。类似的，Pod B1 和 B2 也是同一个 Pod 的多副本。在同一个 Pod 中的不同容器可以使用标准进程通信机制（IPC）进行相互通信。

下一节中，我们会通过学习几种运行 Kubernetes 的方法，来扩展对于 Kubernetes 架构的理解。

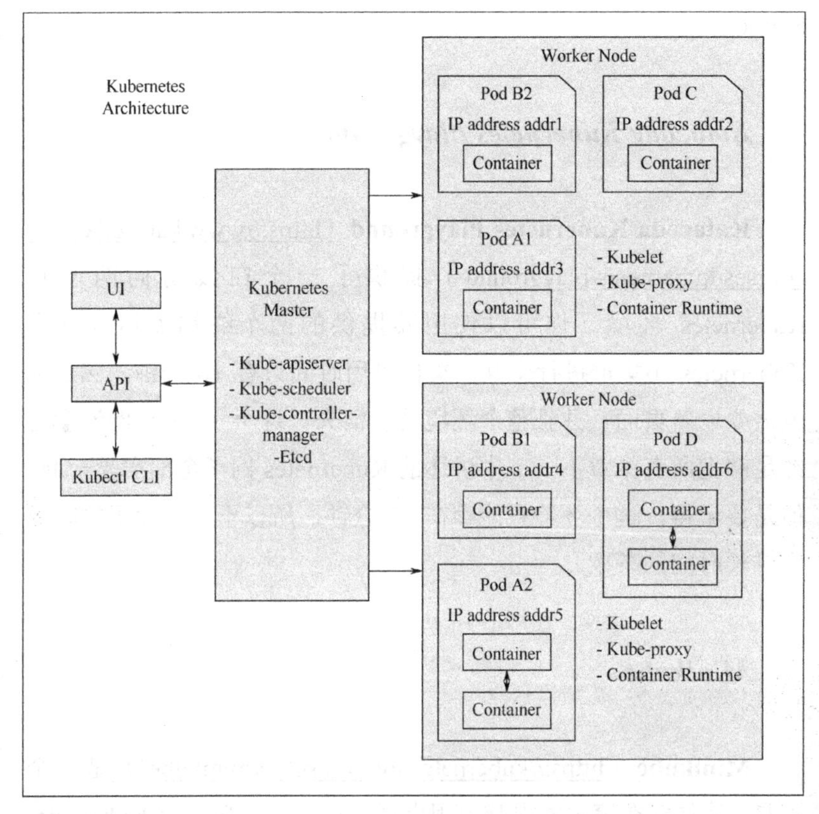

图 2-1　Kubernetes 架构的展示图

运行 Kubernetes：部署选项

Kubernetes 已经达到了令人难以置信的普及程度，目前有许多种公有云和私有云的 Kubernetes 的部署方式。**部署的可选列表**（https://kubernetes.io/docs/setup/pick- right-solution/）太长，以至于没法在此一一列举。下一节中，我们总结了几种 Kubernetes 部署方式作为目前可选用方式的代表。我们会讨论 Katacoda Kubernetes Playground、Minikube、IBM Cloud Private 和 IBM Cloud Kubernetes Service。

Katacoda Kubernetes Playground

Katacoda Kubernetes Playground（https://www.katacoda.com/courses/kubernetes/playground）提供了一个在线访问两节点 Kubernetes 环境。你可以使用其提供的两个终端窗口与这个 Kubernetes 小集群进行交互。集群可用时间只有 10 分钟，然后你就需要刷新页面，并且整个环境就会消失。这个 10 分钟的沙盒已经足够把所有本章下一节中讲述的 Kubernetes 例子全部实验一遍。但是要记得，这个环境只能存在 10 分钟，所以不要在使用的时候安排长时间的茶歇。

Minikube

Minikube（https://kubernetes.io/docs/setup/minikube/）是一个工具，使你能在笔记本电脑上用虚拟机运行一个单节点 Kubernetes 集群。Minikube 非常适合尝试本章下一节中展示的 Kubernetes 基础示例，你也可以将它用作开发环境。此外，Minikube 支持多种虚拟机和容器运行时间。

IBM Cloud Private

IBM Cloud Private（https://www.ibm.com/cloud/private）是一个基于 Kubernetes 的私有云平台，用于运行云原生或者现有应用程序。IBM Cloud Private 提供了一个私有环境，使你能够设计、开

发、部署和管理私有容器云应用，无论基础架构是在自己的数据中心上，还是在供应商提供的公有云环境上。IBM Cloud Private 是以 Kubernetes 软件为基础因子的平台，致力于使用纯开源发行版的 Kubernetes，在其基础上实现了你在一般情况下都需要开发的功能，包括操作日志、健康指标、审计实践、认证及访问管理、管理控制台和对各个组件的在线升级。IBM Cloud Private 也提供了 IBM 丰富的服务目录和开源中间件，让你能快速部署完整的数据堆栈、缓存池、消息队列和微服务开发环境。**社区版**（https://github.com/IBM/deploy-ibm- cloud-private）可以免费使用，让你能够快速建立一个企业级的 Kubernetes 平台。

有关 IBM Cloud Private 集群的配置说明请参见**附录 A**。

IBM Cloud Kubernetes Service

IBM Cloud Kubernetes Service（https://www.ibm.com/cloud/container-service）是一个托管的 Kubernetes 产品，其提供了强大的工具、直观的用户体验和内置的安全性用于快速交付容器应用，这些应用可以绑定到 IBM Watson、物联网（IoT）、DevOps 和数据分析相关的云服务上。IBM Cloud KubernetesService 提供了智能调度、自修复、水平扩展、服务发现和负载均衡、自动滚动发布和回滚，以及密钥和配置管理等功能。Kubernetes Service 同时也拥有简化集群管理、容器安全和隔离策略、自主集群设计能力，以及集成的一致性部署运维工具等高级能力。

有关 IBM CloudKubernetesService 集群的配置说明请参见附录 A。

使用kubectl运行示例

在介绍了 Kubernetes 的一些核心概念之后，下一节会以YAML文件的形式提供几个示例。在所有上述提到的环境中，你可以使用Kubernetes命令行工具kubectl来运行这些示例。其中也会描述如何安装kubectl。在你搭建好Kubernetes环境并完成 kubectl的安装后，你可以运行下一节中所有 YAML 文件示例，方法是先将 YAML 保存到一个文件中（例如 *kubesample1.yaml*），然后运行以下kubectl命令：

```
$ kubectl apply -f kubesample1.yaml
```

在使用 YAML 文件创建环境的基础上，**kubectl** 命令（https://kubernetes.io/docs/ reference/kubectl/overview/）还提供了大量的参数选项。

Kubernetes 核心概念

Kubernetes 对于其编排模型和管理容器有几个特定的核心概念，其中包括*Pod*、*Label*、*Annotation*、*ReplicaSet*和 *Deployment*。

什么是Pod

因为Kubernetes提供了对容器的管理和编排的支持，所以你可能会觉得 Kubernetes 的最小部署单元是容器。然而，根据

Kubernetes 设计者的以往经验[1]，更理想的最小部署单元应该是包含多个容器的一个东西。在 Kubernetes 里，这个最小部署单元被称为 Pod。Pod 能够包含一个或者多个应用容器。在同一个 Pod 中的应用容器有以下优点：

- 它们共享同一个 IP 地址和端口空间
- 它们共享同一个主机名
- 它们能够通过本地进程间通信（IPC）相互通信

相对的，处于不同独立 Pod 中的应用容器一定会有不同的 IP 地址和主机名。事实上，在不同 Pod 中的容器，即使运行在同一个节点上，也会被视为运行在不同的服务器上。

Kubernetes 提供了一系列强大的特性，使 Pod 变得简单易用。

易用的 Pod 管理 API

Kubernetes 提供了 kubectl 命令行接口，能支持对 Pod 进行各种操作。这些操作包括创建、查看、删除、更新、交互和扩展。

文件复制支持

Kubernetes 让你可以非常轻松地在本地主机和集群中正在运行的 Pod 之间来回复制文件。

本地主机到 Pod 的连通性

在许多情况下，你将希望从本地主机到集群中运行的 Pod 具备

---

1 Brendan Burns etc. “Borg, Omega, and Kubernetes: Lessons Learned from Three Container-Management Systems over a Decade” (http://bit.ly/2vIrL4S). ACM Queue 14 (2016)：70–93.

网络连接性。通过 Kubernetes 提供的端口转发，本地主机的网络端口能够通过安全隧道连接到集群中运行的 Pod 的端口。

卷存储支持

Kubernetes 中的 Pod 支持挂载远程网络存储，使 Pod 中的容器能够访问持久化存储，这些存储的生命周期比最初使用它们的容器的生命周期要长。

基于探测的健康检查支持

Kubernetes 以探针的模式进行健康检查，以确保容器的主进程正在运行。此外，Kubernetes 也提供活跃度检查，以确保容器是实际工作的。有了健康检查的支持，Kubernetes 能够识别到你的容器是崩溃了或者是处于不工作状态，然后替你重启它们。

如何描述我的 Pod 里有什么

Pod 和其他 Kubernetes 管理的资源一样，都是用 YAML 文件进行描述的。下面是一个简单的 YAML 示例文件，用于描述一个简单的 Pod 资源：

```yaml
apiVersion: v1
kind: Pod
metadata:
  name: nginx
spec:
  containers:
  - name: nginx
    image: nginx:1.7.9
```

```
ports:
- containerPort: 80
```

这个 YAML 文件包含了如下字段和段落：

apiVersion

这个字段用于声明使用了哪个版本的 KubernetesAPI。Kubernetes 的功能特性正在持续地快速增长。其通过支持多个版本的 API 来管理功能增长所带来的复杂性。通过设置 apiVersion 字段，你能够控制资源使用的 API 版本。

kind

你使用 kind 字段来标识 YAML 文件描述的资源类型。在上述示例中，YAML 文件声明了其描述的是一个 Pod 对象。

metadata

metadata 段落包含了 YAML 定义的资源的信息。在上述示例中，metadata 包含了一个 name 字段来说明这个 Pod 的名字。metadata 段落可以包含其他类型的识别信息，如 Label 和 Annotation。我们会在下一节中具体讨论。

spec

spec 段落提供了资源预期状态的说明。在示例中，Pod 资源的预期状态是运行一个名为 nginx 的容器，其使用的镜像是 nginx:1.7.9。容器与该 Pod 共享 IP 地址，并且使用

containerPort 字段分配容器的网络端口，用于收发网络流量（在这里是 80 端口）。

要运行刚刚这个示例，将文件保存为 *pod.yaml*。然后你可以使用如下命令来运行它：

```
$ kubectl apply -f pod.yaml
```

在运行命令后，会有如下输出：

```
pod "nginx" created
```

为了确认 Pod 实际正在运行状态，可使用 kubectl get pods 命令来确认：

```
$ kubectl get pods
```

在运行此命令后，应该可以看见类似于下面的输出：

```
NAME   READY STATUS    RESTARTS   AGE
nginx 1/1    Running  0           21s
```

如果你想要调试正在运行的容器，通过如下命令可以创建一个在容器中的交互式 shell：

```
$ kubectl exec -it nginx -- bash
```

这个命令指定 Kubernetes 在名为 nginx 的 Pod 所包含的容器中创建一个交互式 shell。由于这个 Pod 只包含一个容器，Kubernetes 在你没有指定容器名的情况下也能清楚地知道你想要连接哪个容器。通常情况下，访问运行中的容器进行交互式修改被视为一种糟糕的做法。然而，交互式 shell 在你学习时或者在生产应用部署前调试的时候会非常有用。在运行上面这条命令后，就可以与正在运行的容器进行交互了，如下所示：

```
root@nginx:/# ls
bin boot dev etc home lib lib64 media mnt opt proc root
run sbin
selinux srv sys tmp usr var
root@nginx:/# exit
```

如果你的 Pod 中有多个容器，就需要在 `kubectl exec` 命令中包含容器的名字。可以在 Pod 名之后通过添加`-c` 容器名的选项完成操作。如下所示：

```
$ kubectl exec -it nginx -c nginx -- bash
root@nginx:/# exit
exit
```

想要删除刚刚创建的 Pod，可以使用如下命令：

```
$ kubectl deletePodnginx
```

你可以看见如下确认信息，说明 Pod 被删除：

```
pod "nginx" deleted
```

当使用 Kubernetes 时，你可能会在集群中运行大量的 Pod。在下一节中，我们会描述如何使用 Label 和 Annotation 来追踪和辨别 Pod。

Label 和 Annotation

Kubernetes 支持将键值对形式的数据添加到 Pod 和其他 Kubernetes 资源中，比如我们在本章后面的部分会讨论的资源 ReplicaSet 和 Deployment。这主要有两种形式的键值对：Label 和

Annotation。Label 为 Pod 提供了额外的属性字段，使其他的资源能够辨别并选择期望的 Pod。Annotation 也为 Pod 添加了额外的属性字段。但是与 Label 不同的是，Annotation 并不是用于辨别 Pod，而是为用户或者自动化工具提供额外的有用信息。下面的示例使用了之前的 YAML 文件来描述 Pod，并添加了 Label 和 Annotation：

```
apiVersion: v1
kind: Pod
metadata:
  name: nginx
  labels:
    app: webserver
  annotations:
    kubernetes.io/change-cause:  "Update nginx to 1.7.9"
spec:
  containers:
  - name: nginx
    image: nginx:1.7.9
    ports:
    - containerPort: 80
```

在这个示例中，我们添加了一个 Label，使用 app 作为键（key），`webserver` 作为值（value）。其他 Kubernetes 对象能够通过这个值查询到该 Pod。如果有一组 Pod 使用这个 Label，它们就会全部被查询到。这个简单而优雅地确认 Pod 的方法在几个高层 Kubernetes 抽象（会在本章后面介绍）中被大量使用。

类似的，示例中也添加了 Annotation。其中，Annotation 以 `kubernetes.io/ change-cause` 作为键，以 Update nginx to 1.7.9 作为值。这个 Annotation 用于为工具或者用户提供信息，而不是用于查询和鉴别所需的 Kubernetes 资源。

在下一节中，我们会介绍 ReplicaSet，它是 Kubernetes 高层抽象之一，使用 Label 来识别并管理一组 Pod。

ReplicaSet

Kubernetes 提供一个名为 ReplicaSet 的高级别抽象，用于跨集群管理一组 Pod 的多副本。ReplicaSet 的主要优势之一是声明期望运行的 Pod 副本数量。Kubernetes 会监控 Pod，并且始终确保副本数量是你的期望值。如果有 Pod 意外终止，Kubernetes 会自动启动新的副本。对于习惯于被半夜叫醒去重启坏掉应用的云运维人员来说，能够让 Kubernetes 自动处理这些事情而非亲自上阵会是更好的选择。

创建 ReplicaSet 时，你提供一个类似于 Pod（第 18 页的 "**如何描述我的 Pod 里有什么？**"）的参数说明。ReplicaSet 说明中添加声明 Pod 运行的副本数量的声明，同时提供了匹配信息以识别它需要管理哪些 Pod。下面是一个 ReplicaSet 的 YAML 示例：

```
apiVersion: apps/v1
kind: ReplicaSet
metadata:
  name: nginx
  labels:
    app: webserver
  annotations:
    kubernetes.io/change-cause:  "Update nginx to 1.7.9"
spec:
  replicas: 3
  selector:
    matchLabels:
      app: webserver
  template:
    metadata:
      labels:
        app: webserver
    spec:
```

```
    containers:
    - name: nginx
      image: nginx:1.7.9
      ports:
      - containerPort: 80
```

在这个参数说明中，kind 字段设置为 ReplicaSet，意味着这个参数说明针对的是 ReplicaSet 资源。类似于之前 Pod 的示例，ReplicaSet YAML 有一个 metadata 段落，用于 name、label 和 annotation 字段。ReplicaSet 和 Pod 的区别出现在 spec 段落，这里有一个 replicas 字段表明了 Pod 副本的期望值。本示例中，我们向 Kubernetes 声明应该期望的 Pod 副本数为 3。值得注意的是，如果你使用了 kubectl apply 命令更新了 ReplicaSet 规范，Kubernetes 就会增加或者减少 Pod 的数量以满足新指派的 replicas 值。

spec 段落有一个 selector 字段，用于识别 ReplicaSet 需要管理 Pod 副本的 label。在这个示例中，ReplicaSet 的 selector 表明了这个 ReplicaSet 需要管理的 Pod 副本应拥有 **app** 作为键，webserver 作为值的 label。

示例中的下一段落是 template。它提供了一个模板，用来描述 ReplicaSet 管理的是什么样子的 Pod 副本。注意，template 段落必须提供独立 Pod YAML 能描述的所有内容。因此，template 段落自己包含了一个 metadata 段落和一个 spec 段落。

metadata 段落与之前的例子类似，包含 label。在之前的示例中，metadata 部分声明了一个以 app 为键，以 webserver 为值的 label。不出所料，这正是 ReplicaSet 用于鉴别需要管理 Pod 的 selector 字段的 label。

此外，template 段落还包含了自己的 spec 段落。这个 spec 段落描述了 ReplicaSet 需要管理的组成 Pod 多副本的容器，并且在例子中，你可以看到诸如 name、images 和 ports 字段，这些字段重复出现在这里和 Pod 的 YAML 中。因为存在这个结构，

ReplicaSet 能够有多个 spec 段落，并且这些部分彼此嵌套，看起来既复杂又令人生畏。然而，在你理解了 ReplicaSet 不仅需要指定自己，也需要指定它管理的 Pod 多副本之后，嵌套的 spec 结构就不那么令人困惑了。

为了运行上述示例，需要保存示例为 *replicaset.yaml* 文件。然后你可以运行如下命令：

```
$ kubectl apply -f replicaset.yaml
```

在运行了这条命令之后，可以看见以下输出：

```
replicaset.apps "nginx" created
```

为了确认 Pod 副本实际正在运行，可以使用 kubectl get pods 命令来确认：

```
$ kubectl get pods
```

在运行此命令后，可以看见类似于下面的输出：

```
NAME            READY    STATUS       RESTARTS     AGE
nginx-fvtzq     1/1      Running      0            23s
nginx-jfxdn     1/1      Running      0            23s
nginx-v7kqq     1/1      Running      0            23s
```

为了演示 ReplicaSet 的能力，我们故意删除其中一个 Pod：

```
$ kubectl deletePodnginx-v7kqq
pod "nginx-v7kqq" deleted
```

如果我们足够快地运行 kubectl get pods 命令，会看见我们删除的 Pod 正在被终止运行，ReplicaSet 也会意识到有一个 Pod 丢失了。因为 YAML 说明文件中声明了 Pod 多副本数为 3，此时 ReplicaSet 会启动一个新的 nginx 容器实例。下面是这个命令的输出：

```
$ kubectl get pods
NAME          READY   STATUS        RESTARTS    AGE
nginx-fvtzq   1/1     Running       0           1m
nginx-jfxdn   1/1     Running       0           1m
nginx-kfgxk   1/1     Running       0           5s
nginx-v7kqq   0/1     Terminating   0           1m
```

在短暂的时间之后，如果再次运行 kubectl get pods，你会注意到在副本中有两个原先就存在的Pod，还有一个是新创建的替代 Pod：

```
$ kubectl get pods
NAME          READY   STATUS        RESTARTS    AGE
nginx-fvtzq   1/1     Running       0           1m
nginx-jfxdn   1/1     Running       0           1m
nginx-kfgxk   1/1     Running       0           23s
```

需要删除刚刚创建的 ReplicaSet，可以运行以下命令：

```
$ kubectl delete ReplicaSet nginx
```

应该可以看见以下确认删除 ReplicaSet 的信息：

```
replicaset.extensions "nginx" deleted
```

尽管 ReplicaSet 提供了非常强大的 Pod 多副本能力，它们并没有为你提供管理 PodReplicaSet 新版本发布的帮助。如果 ReplicaSet 支持发布新版本 Pod 副本的能力，并且可以灵活控制 Pod 副本被新版本替换的速度，那么它将变得更强大。幸运的是，Kubernetes 提供了另外一个名为 Deployment 的高级抽象，它提供了这样的功能。下一节会描述 Deployment 提供的能力。

Deployment

Deployment 是 Kubernetes 的一个高级抽象，不仅能让你控制实例化 Pod 的副本数量，还能支持推出新版本的 Pod。Deployment 依赖于之前介绍的用于管理 Pod 副本的 ReplicaSet 资源，然后在这个功能之上添加了 Pod 版本控制功能。如果新版本的 Pod 有任何问题，Deployment 也能让新发布的应用回滚到之前的版本。此外，Deployment 支持两种升级 Pod 的选项，重新创建（Recreate）和滚动更新（RollingUpdate）。

重新创建

重新创建的方法也非常简单。在这种方法中，Deployment 资源会更改其关联的 ReplicaSet，以指向一个新版本的 Pod。然后它就会终止所有的 Pod。ReplicaSet 就会发现所有的 Pod 都被终止了，所以会生成新的 Pod 以保证运行的数量是声明的期望值。通常重新创建的方法会让 Pod 应用在一段时间内变得不可访问，因此，并不推荐给有高可用性要求的应用访问它。

滚动更新

Kubernetes Deployment 资源也提供了滚动更新的选项。使用这个方法，Pod 可以在整个过程中进行新版本的增量替换。这个方法会导致新老版本的 Pod 同时运行，因此可以避免应用在升级过程中变得不可用的问题。

下面是使用滚动更新方法的 Deployment YAML 示例：

```
apiVersion: extensions/v1beta1
kind: Deployment
```

```yaml
metadata:
  name: nginx
  labels:
    app: webserver
  annotations:
    deployment.kubernetes.io/revision:  "1"
spec:
  replicas: 3
  selector:
    matchLabels:
      app: webserver
  strategy:
    rollingUpdate:
      maxSurge: 1
      maxUnavailable: 1
    type:  RollingUpdate
  template:
    metadata:
      labels:
        app: webserver
    spec:
      containers:
      - name: nginx
        image: nginx:1.7.9
        ports:
        - containerPort: 80
```

这个Deployment示例包含了许多我们见过的ReplicaSet和Pod的特征。体现在 metadata 中的是 Label 和 Annotation。对于Deployment来说，以`deployment.kubernetes.io/revision`和1为键值对的 Annotation 表示这是此Deployment的第一次修订。类似于 ReplicaSet，Deployment 声明了副本的数量，并且使用了

matchLabels 字段来声明其需要管理的 Pod。还有一个类似之处是 Deployment 也同时拥有 spec 段落和一个在 template 中嵌套的 spec 段落，用于描述其管理的 Pod 副本中的容器。

Deployment 中新的特有字段是 strategy 及其子字段 type 和 rollingUpdate。type 字段用于声明使用的 Deployment 策略。目前，你可以设置成 Recreate 或者 RollingUpdate。

如果选择 RollingUpdate 方法，你需要设置 maxSurge 和 maxUnavailable 的子字段。选项如下。

maxSurge

maxSurge 的滚动更新选项可在部署期间分配额外的资源。你可以将这个值设为一个数字或者百分比。举一个简单的例子，假设 Deployment 支持三个副本并且 maxSurge 被设置为 2。在这种情况下，在滚动更新的过程中总共会有五个副本。

在部署过程的顶峰，会有三个旧版本的 Pod 和两个新版的 Pod 同时在运行。此时，需要终止其中一个旧版本的 Pod，然后创建另一个新版本的 Pod。此时，总共将有五个副本，其中三个是新版本 Pod，两个旧版本 Pod。最后，到达新版 Pod 的正确可用数量时，两个旧版本 Pod 就会被终止了。

maxUnavailable

你可以使用这个滚动更新选项来声明在升级期间不可用 Pod 的数量。你可以将这个值设为一个数字或者百分比。

下面的 YAML 示例展示了一个被更新以触发 rollout 的 Deployment。请注意，一个以 kubernetes.op/change-cause 为键的新 Annotation 标签已经被添加，该值表示对容器中运行的 nginx 版本已经更新。同时注意，spec 段落中镜像的字段已经变成了 nginx:1.13.10。这个声明实际触发了 Deployment 管理的 Pod 多个副本进行新版本更新。让我们看一下代码：

```
apiVersion: extensions/v1beta1
kind: Deployment
metadata:
  name: nginx
  labels:
    app: webserver
  annotations:
    kubernetes.io/change-cause:  "Update nginx to 1.13.10"
  spec:
    replicas: 3
    selector:
      matchLabels:
        app: webserver
    strategy:
      rollingUpdate:
        maxSurge: 1
        maxUnavailable: 1
      type:  RollingUpdate
    template:
      metadata:
        labels:
          app: webserver
      spec:
        containers:
        - name: nginx
          image: nginx:1.13.10
```

```
        ports:
        - containerPort: 80
```

为了演示 Deployment 的能力，我们来运行前两个示例。将第一个 Deployment 示例保存为 *deploymentset.yaml*，第二个示例保存为 *deploymentset2.yaml*。现在可以使用如下命令运行第一个示例：

```
$ kubectl apply -f deploymentset.yaml
```

在运行命令后，可以看到如下输出：

```
deployment.extensions "nginx" created
```

为了确认该 Deployment 管理的 Pod 多个副本实际正在运行，使用 kubectl get pods 命令进行验证，如下所示：

```
$ kubectl get pods
```

在运行命令后，可以看到类似下面的输出：

```
NAME                    READY  STATUS             RESTARTS AGE
nginx-7bbd56b666-5x7fl  0/1    ContainerCreating  0        10s
nginx-7bbd56b666-cm7fn  0/1    ContainerCreating  0        10s
nginx-7bbd56b666-ddtt7  0/1    ContainerCreating  0        10s
```

使用 Deployment 时，有一条名为 `kubectl get deployments` 的新的命令可以在它们更新镜像时提供 Deployment 的状态。你可以运行如下命令：

```
$ kubectl get deployments
```

在运行命令之后，你可以看到类似下面的输出：

```
NAME   DESIRED CURRENT UP-TO-DATE AVAILABLE  AGE
nginx  3       3       3          3          2m
```

现在可以让事情变得有趣些，让我们通过应用第二个即存为 *deploymentset2.yaml* 的配置文件来更新 Deployment 的镜像。请注意，你也可以直接更新原来存为 *deploymentset.yaml* 的 YAML 来代替使用两个独立的文件。通过如下操作开始更新：

```
$ kubectl apply -f deploymentset2.yaml
```

在运行这条命令后，可以看到如下输出：

```
deployment.extensions "nginx" configured
```

现在，当再次运行 kubectl get deployments 命令时，可以发现有趣的结果：

```
$ kubectl get deployments
NAME     DESIRED   CURRENT   UP-TO-DATE   AVAILABLE   AGE
nginx    3         4         2            2           4m
```

就如上面的输出信息，Deployment 目前有四个 Pod 副本在运行。其中两个 Pod 副本是最新的（up-to-date），也就意味着它们正在运行已经更新过的 nginx 镜像，两个 Pod 副本处于可用状态（available），目前一共有四个 Pod 副本。经过一段时间，当滚动更新完成了，我们会达到期望的三个完成更新的可用 Pod 副本状态。你可以通过再次运行 `kubectl get deployments` 确认，观察输出匹配你所期望的状态：

```
$ kubectl get deployments
NAME    DESIRED    CURRENT   UP-TO-DATE   AVAILABLE   AGE
nginx   3          3         3            3           4m
```

要删除刚刚创建的 Deployment，可以运行如下命令：

```
$ kubectl deleteDeploymentnginx
```

看见如下确认信息，说明 Deployment 被删除：

```
deployment.extensions "nginx" deleted
```

Deployment 也提供用于暂停更新部署，恢复更新部署，以及回滚镜像发布的命令。当你觉得新发布的镜像有问题值得调查，或者发现新发布的部署有问题需要回退到上一个版本时，这些命令是非常有用的。

> **注意**　如何使用 Deployment 功能的更多信息，请参见 Kubernetes 文档（http://bit.ly/2q7vR7Y）。

尽管 Deployment 提供了对于管理 Pod 多个副本及其生命周期管理的支持，它们还是无法提供对于 Pod 多个副本请求分发的负载均衡。在第 3 章中，我们会介绍 Kubernetes 服务对象，其提供了这种能力，我们同时也会讨论几个其他的 Kubernetes 高级主题。

第3章 Kubernetes高级主题

在本章中，我们会提供一些 Kubernetes 更高级功能的概览。首先我们会描述 Kubernetes 的服务（Service）对象，它是内置的功能，用于为 Pod 多个副本提供负载均衡。接着，我们会描述一些用于管理 Pod 组的专用选项，包括 DaemonSet 和 StatefulSet。然后我们会提供几个 Kubernetes 高级概念的示例，包括 Volume、PersistentVolumes、ConfigMap、Secret 及镜像仓库的支持。我们会以 Helm 结束这一章，Helm 是一个 Kubernetes 的包管理工具，使你能够创建一个包含多模板的包，用于组成你的应用。

Kubernetes 服务对象：出色的负载均衡器

Kubernetes 提供了服务对象，作为 Pod 副本的负载均衡机制。将此功能内置到 Kubernetes 可能看起来有点过分，因为已经有许多可用的开源负载平衡器。但是，Kubernetes 提供的高级 Pod 副本管理功能需要它为 Pod 副本提供自定义负载均衡器。正如前面章节中所讨论的，Kubernetes 提供的几个高级抽象，能够在需要时启动新的 Pod 副本。发生这种情况时，这些 Pod 副本最终可能会转移到不同的服务器中。大多数可用的负载均衡器不是为了处理这种动态均衡而构建的。因此，Kubernetes 以 Service 对象的形式提供负载均衡器。Service 对象具有以下主要特性，这些特性是为支持 Pod 副本而定制的。[1]

虚拟 IP 分配以及负载均衡支持

当为一组 Pod 副本创建 Service 对象时，会创建一个虚拟的 IP 地址为所有 Pod 副本提供负载均衡。这个虚拟 IP 地址同时也关联了一个 ClusterIP 地址，它是一个稳定的值，并且也适用于 DNS 解析。

端口映射支持

Service 对象能够将 ClusterIP 地址的端口映射到 Pod 副本所使用的端口。例如，Service 对象可能会使用 80 端口作为 Pod 应用对外提供服务的端口，即便 Pod 副本会使用更通用的侦听端口。

内置的准备状态检查支持

Kubernetes 的服务对象提供内置的准备状态检查。拥有了这项功能，服务对象提供的负载均衡就能够避免请求被分发到还未准备

---

1 Kubernetes: Up and Running by Kelsey Hightower, Brendan Burns, and Joe Beda(O'Reilly). Copyright 2017 Kelsey Hightower, Brendan Burns, and Joe Beda, 928-1-491 -93567-5.

好提供服务的 Pod 副本中。

为 Deployment 的 Pod 副本创建一个 Service 对象非常简单。你可以通过使用 kubectl expose 命令创建。假设你已经创建了第 2 章中 Nginx Deployment 的例子，可以通过如下命令将其公开为服务：

```
$ kubectl expose Deployment nginx --port=80
 --target-port=8000
```

在这个例子中，Nginx Deployment 已经公开成了一个服务。服务运行于 80 端口，并且会转发给正在侦听 8000 端口的 Pod 副本。可使用 kubectl get services 命令确认这个新公开的服务在使用什么 ClusterIP 地址：

```
$ kubectl get services
```

下一节中，我们会描述另一个 Kubernetes 提供的抽象——DaemonSet，它能够处理需要在集群中每个节点上都运行单个 Pod 副本的特定案例。

DaemonSet

在 Kubernetes 运行应用时，一个常见的特定用法就是需要在每个节点上都运行单个 Pod 副本。最常见的场景就是在每个节点上运行单个监控或日志收集的应用容器。如果在节点上有两个监控或者日志收集的应用会是累赘的，而每个节点上又必须有一个这样的应用。在这种情况下，Kubernetes 提供了 DaemonSet 资源对象用于确保每个节点上只运行单个 Pod 副本。下面的例子会演示如何使用 DaemonSet 在每个节点上都只运行单个 Pod 副本：

```yaml
apiVersion: apps/v1
kind: DaemonSet
metadata:
  name: nginx
  labels:
    app: webserver
spec:
  selector:
    matchLabels:
      app: webserver
  template:
    metadata:
      labels:
        app: webserver
    spec:
      containers:
      - name: nginx
        image: nginx:1.7.9
        ports:
        - containerPort: 80
```

如上所示，DaemonSet YAML 文件看起来与 ReplicaSet 非常相似。它使用一个 `selector` 提供的 Daemonset 来分辨 Pod 副本的标签。在示例中，这个 DaemonSet 的 `selector` 声明其管理的 Pod 拥有一个以 `app` 为键、以 `webserver` 为值的标签。这个 DaemonSet 也有一个 `template` 部分和一个嵌套的 `spec` 部分，其作用与 ReplicaSet 中的作用相同。

在这个例子中也演示了 DaemonSet 与 ReplicaSet 显著的区别。kind 字段被设置为 `DaemonSet`，同时不再需要声明期望的副本数量。副本的数量将始终设置为与在每个节点上放置一个 Pod 副本相匹配的值。

定制 DaemonSet

在一些场景中会需要 DaemonSet，但是由于复杂的因素影响，我们可能并不希望在所有节点上都运行一个 Pod 副本。在这种场景下，你可以使用 `nodeSelector` 构造自定义 DaemonSet 以识别需要运行 Pod 副本的节点。在这个方法中，`nodeSelector` 用于定义标签，DaemonSet 会搜寻集群中所有带有这个标签的节点。带有这个标签的节点会运行一个受 DaemonSet 管理的 Pod 实例。为了说明此功能，首先为我们想要运行 Pod 副本的节点（此处使用 node1）打上标签，使用 `kubectl label nodes` 命令：

```
$ kubectl label nodes node1 needsdaemon=true
```

在 needsdaemon 的标签添加到该节点后，你可以使用合适的标签和 `nodeSelector` 对这个 DaemonSet 进行修改和自定义。

```
apiVersion: apps/v1
kind: DaemonSet
metadata:
  name: nginx
  labels:
    app: webserver
spec:
  selector:
    matchLabels:
      app: webserver
  template:
    metadata:
      labels:
        app: webserver
    spec:
      nodeSelector:
        needsdaemon: "true"
```

```
containers:
- name: nginx
  image: nginx:1.7.9
  ports:
  - containerPort: 80
```

在上面的例子中，`nodeSelector` 包含了一个 `needsdaemon` 的标签，其值为“`true`”。true 的引号是必须的，用于确保这个值被解读为字符串而非布尔值。在 DaemonSet YAML 添加了这个值之后，你就已经对其进行了自定义，以便容器副本仅在正确标记的节点上运行。

下一节中，我们稍微改变一下，重点关注 StatefulSet，通过它在 Kubernetes 中为有状态服务的集成提供了支持。

StatefulSet

许多 Kubernetes 提供的高级抽象（比如 ReplicaSet）为管理一组相同且可互换的 Pod 副本提供支持。当把有状态多副本服务（如持久化数据库）集成到 Kubernetes 中时，标准完全一致的 Pod 多个副本已经不足以支持这类应用的需求了。相反，这类应用需要拥有唯一 ID 的 Pod，使得对应的存储卷能被挂载到正确的 Pod 中。为了支持这类应用，Kubernetes 提供了 **StatefulSet 对象资源**（http://bit.ly/2xHJigo）。StatefulSet 拥有如下特性。[2]

拥有唯一索引的稳定主机名

每个 StatefulSet 的 Pod 都会被分配一个持久主机名，并在主

2 Hightower, Kelsey, Brendan Burns, and Joe Beda. Kubernetes: Up and Running. Sebasto-pol: O'Reilly Media, 2017.

机名后附加一个唯一的、单调递增的索引。

Pod 副本的有序部署

每个与StatefulSet关联的Pod都会按照从最低索引到最高索引的顺序进行创建。

Pod 副本的有序删除

每个StatefulSet的Pod都会按照从最高索引到最低索引的顺序进行删除。

Pod 副本的有序部署和扩展

每个 StatefulSet 的 Pod 都会按照从最低索引到最高索引的顺序进行扩展，在操作应用于 Pod 之前，先前的 Pod 都必须正在运行。

Pod 副本的有序滚动升级

每个StatefulSet的Pod都会按照从最高索引到最低索引的顺序删除和重创建以升级应用。

StatefulSet 关联的 *Headless 服务*

一个没有集群虚拟 IP 地址的服务对象会关联到 StatefulSet，用于管理每个 Pod 的 DNS 入口。这个 Service 不会对 StatefulSet 的 Pod 进行负载均衡，因为每个 Pod 都是唯一的，所以客户端的请求需要总是始终指向同一个 Pod 的。

StatefulSet 的 YAML 看起来与 ReplicaSet 非常相似。下面是一个 StatefulSet 的 YAML 示例，其中也包括了一个用于 Headless 服务的 YAML 描述：

```
apiVersion: v1
kind: Service
metadata:
  name: nginx
  labels:
    app: nginx
  spec:
    ports:
    - port: 80
      name: web
    clusterIP: None
    selector:
      app: nginx
---
apiVersion: apps/v1
kind: StatefulSet
metadata:
  name: nginx
  labels:
    app: webserver
  spec:
    serviceName:  "nginx"
    replicas: 3
    selector:
      matchLabels:
        app: webserver
    template:
      metadata:
        labels:
```

```
        app: webserver
    spec:
      containers:
      - name: nginx
        image: nginx:1.7.9
        ports:
        - containerPort: 80
```

这个 YAML 的最上面部分是对于 Headless 服务的定义。

- `kind` 字段设置成了 `Service`，说明最上面的部分是对 Service 资源的定义。
- 注意，通过将 `clusterIP` 字段设置为 `None`，把这个 Service 声明为 Headless 服务。
- YAML 中的下一部分定义了 StatefulSet。其中把 `kind` 字段设置成了 `StatefulSet`。同样值得注意的是，StatefulSet 必须确定管理它的服务对象。
- 通过把 `serviceName` 字段设置成之前声明的 Service 的名称来实现这点。
- 在这个示例中，Service 的名称为 `nginx`，也就是 `serviceName` 字段的值。

StatefulSet 的其余部分与 ReplicaSet 中设置的值类型相同。StatefulSet 的一个关键部分（在前面的示例中未展示）是为 StatefulSet 中的每个 Pod 创建持久卷存储。Kubernetes 提供了 volumeClaimTemplate 用于管理每个 Pod 与卷的映射关系，在 Pod 重新调度后，卷会自动挂载。Kubernetes 卷支持的更多细节会在下面“**卷和持久卷（Volumes and Persistent Volumes）**”一节中展示。

前面的 StatefulSet 示例使用 Nginx Web 服务器使示例易于理解。通常，你不会为像 Nginx 这样的无状态服务使用 StatefulSet 部署。然而，更通用的情况是用于部署有状态的服务，如 redis、etcd 和 sql。

要运行之前的例子，将其保存为 *statefulset.yaml* 文件。你就可以通过以下命令运行这个例子：

```
$ kubectl apply -f statefulset.yaml
```

要查看创建的名称被添加了索引的 Pod，请运行以下命令：

```
$ kubectl get pods
```

可以看见类似如下输出：

```
NAME      READY   STATUS     RESTARTS   AGE
nginx-0   1/1     Running    0          16s
nginx-1   1/1     Running    0          3s
nginx-2   1/1     Running    0          2s
```

下一节中，我们稍微改变一下，重点讨论 Kubernetes 如何使用 Volume 的概念使 Pod 中的容器能够共享文件系统目录。

卷和持久卷

Pod 包含多个需要共享文件系统资源的容器。Kubernetes 使用卷的概念作为其支持 Pod 共享文件系统中目录的工作原理。通常来说有两类卷，基础卷和持久卷。

基础卷

基础卷通常就是指存储卷，非常简单，使同一个 Pod 中的容器能够共享文件系统的目录。共享的内容通常存储于运行 Pod 节点的文件系统上。在容器销毁并重建时，存储卷里的内容还能存在。但是一旦 Pod 本身被销毁，存储卷也被永久删除了。

持久卷

Kubernetes 支持几种类型的持久卷。持久卷能够保存共享文件内容，以便它可以在 Pod 重启后继续存在。持久卷有很多种类，通常是通过底层基于网络的存储实现的，如 NFS、FlexVolume、iSCSI、VsphereVolume、AzureFile、GCEPersistentDisk、AWSElasticBlockStore 等其他几种。

下面的 YAML 内容演示了一个简单的 Pod，它为 Pod 挂载了一个基础卷，以便为 Pod 内的容器提供公共的文件系统目录共享：

```
apiVersion: v1
kind: Pod
metadata:
  name: nginx
spec:
  volumes:
    - name: sharedspace
      hostPath:
        path: "/var/sharedPodDir"
    containers:
    - name: nginx
      image: nginx:1.7.9
      volumeMounts:
        - mountPath: "/containerMount"
          name: "sharedspace"
      ports:
        - containerPort: 80
```

如上所示，Pod 使用 YAML 中的 volumes 字段声明了一个可用的卷。在示例中，卷的名字为 `sharedspace`。`volumes` 的子字段 `name` 很关键，因为需要挂载这个卷的容器会在声明时使用命名。卷同时也声明了一个 hostPath，其值为 /var/sharedPodDir。hostPath 声明了其节点上的路径，也就是其共享目录的路径。用了这个定义，Pod 所在的主机会在/var 下创建一个名为 sharedPodDir 的目录。

Pod 中的容器想要挂载这个卷会比较简单。通过添加 volumeMounts 字段，其中包含 name 和 mountPath 子字段。name 字段必须匹配 Pod 声明中 volumes 字段的卷的名称。mountPath 声明了容器中的文件系统路径，也就是容器应用所访问的共享目录的路径。值得注意的是，容器完全可以把 hostPath 挂载到不同的 mountPath 上。此外，Pod 中的每个容器对用同一个共享目录也能有不同的 mountPath 值。在下一节中，我们会概述持久卷，持久卷是一种更适合数据持久化的卷。

持久卷

大部分 **12 要素**应用（https://12factor.net/）不提倡使用基于磁盘的持久存储，因为如果没有对分布式读写语义的特定保证，很难大规模地保持并发性。Kubernetes 在应用 12 要素的基础上进行了拓展，就如之前提到的 DaemonSet 和 StatefulSet，它们对于持久卷有合理的需求。

StatefulSet（如数据库、缓存和数据库服务）或者 DaemonSet（如监控代理）需要 Pod 能够访问更持久的存储，并且该存储能够在多个 Pod 的生命周期中存活下来。为此，Kubernetes 提供了持久卷的存储支持。Kubernetes 有许多持久卷的实现，它们通常建立在某种形式的远程网络存储功能之上。

大部分 Kubernetes 集群中持久卷支持始于集群管理创建持久卷（http://bit.ly/2OTldtN）并使其在集群中可用。集群中的 Pod 通过名为 PersistentVolumeClaim 的资源抽象获取对持久卷的访问权，该资源抽象也通过 YAML 展示：

```
kind: PersistentVolumeClaim
apiVersion: v1
metadata:
  name: my-pv-claim
  labels:
    app: nginx
spec:
  storageClassName: manual
  accessModes:
    - ReadWriteOnce
  resources:
    requests:
      storage: 5Gi
```

在上述例子中，`PersistentVolumeClaim` 请求一个 5GB 的存储空间，该存储空间只能被单个节点以读/写的方式挂载。当创建这个请求后，Kubernetes 负责将其映射到一个实际可用的持久卷中。

完成后，Pod 就能通过 `PersistentVolumeClaim` 访问持久卷存储，如以下 Pod 示例所示：

```
apiVersion: v1
kind: Pod
metadata:
  name: nginx
spec:
  volumes:
    - name: persistentsharedspace
      persistentVolumeClaim:
        claimName: my-pv-claim
  containers:
  - name: nginx
```

```
    image: nginx:1.7.9
    volumeMounts:
      - mountPath: "/containerMount"
        name: persistentsharedspace
    ports:
    - containerPort: 80
```

在上面这个例子中，YAML 中的 volumes 段落声明了一个 persistentVolumeClaim，其拥有值为 my-pv-claim 的 claimName 字段。Pod 中用于关联持久卷的名称为 persistentsharedspace。现在 Pod 中的容器能够使用 volumeMounts 字段关联这个持久卷，就如同使用基础卷一样。此示例还展示了容器添加了一个 volumeMounts 字段，其中包含 name 和 mountPath 作为子字段。name 字段的值为 persistentsharedspace，与 volumes 段落的 name 子字段提供的 name 值匹配。与容器挂载基础卷一样，mountPath 声明容器文件系统路径，该路径是容器应用共享目录的位置。

将 PersistentVolumeClaims（PVC）匹配到持久卷（PV）有时是一项很令人沮丧的任务。PVC 基于一系列因素进行匹配，包括：

请求的容量

只有当 spec.resources.requests.storage 字段请求的容量与 PV 声明的容量相同时，PVC 才会匹配 PV。

StorageClass

只有当 StorageClass 一致时，PVC 才会匹配 PV；或者，对于 PVC 省略 StorageClass 字段的情况，PV 匹配所有其他属性并使用默认可用的`StorageClass`。

标签

仅当分配给 PVC 的标签与 PV 上声明的标签匹配时，PVC 才会匹配 PV。通常，-labels 反映了微服务与 PVC/PV 之间的关联（例如 app：Portfolio）。

访问模式

只有当 PVC 和 PV 访问模式（单读/写[RWO]，多只读[ROX]，多读/写[RWX]）一致时，PVC 才会匹配 PV。

下一节中，我们会介绍 ConfigMap 的概念，它是 Kubernetes 将配置信息传递给容器的工作机制。

ConfigMap

在很多情况下，需要一种将配置信息传递给容器化应用的方法。Kubernetes 使用 *ConfigMap* 作为其传递信息给其所管理容器的机制。ConfigMap 以键值对的方式存储配置信息。下面是一个 ConfigMap 的示例：

```
apiVersion: v1
kind: ConfigMap
metadata:
  name: custom-config
  namespace: default
```

```
data:
  customkey1: foo
  customkey2: bar
```

在这个示例中，有两个新的配置的键：customkey1 和 customkey2，这两个键分别保存的值为 foo 和 bar。想要将这个 ConfigMap 添加到 Kubernetes 环境中，可以将它存为 *configmap.yaml* 文件，并运行如下命令：

```
$ kubectl create -f configmap.yaml
```

这个片段展示了如何创建一个名为 `custom-config` 的 ConfigMap，使用的源文件为 *configmap.yaml*。在创建了 ConfigMap 之后，有两种使用方法，一种是为每个键值对创建一个文件，另外一种是设置环境变量。

以文件方式使用 ConfigMap

若使用 ConfigMap 作为文件的方法，会创建一个以键为文件名的文件，文件的内容为该键的值。通过 `volumeMounts` 挂载这些文件，ConfigMap 就可以通过卷进行访问。下面是说明这种 ConfigMap 方法的示例：

```
apiVersion: v1
kind: Pod
metadata:
    name: configmapexample-volume
spec:
  containers:
  - name: configmapexample-volume
    image: busybox
    command: [ "/bin/sh", "-c", "ls /etc/bt_config ; cat
```

```
/etc/bt_config/customkey1 ; echo"]
        volumeMounts:
        - name: config-volume
          mountPath: /etc/bt_config
        imagePullPolicy: IfNotPresent
    volumes:
      - name: config-volume
        configMap:
          name: custom-config
```

如上所示，这里通过关联名为 `custom-config` 的 ConfigMap 创建了一个名为 `config-volume` 的卷。注意，这个 ConfigMap 是在本节开始的时候创建的。`volumeMount` 的字段用于使用 `/etc/bt_config` 的路径挂载 `config-volume`。通过定义这个挂载，ConfigMap 的值存储在`/etc/bt_config` 路径下的文件中。为了演示前一个示例确实创建了这些文件，在示例中添加了一个命令选项，该选项将覆盖容器镜像提供的默认命令。新的命令打印了`/etc/bt_config` 目录中的内容以展示这些文件确实已被创建。该命令同时也打印了 `/etc/bt_config/customkey1` 文件的内容，以证明其内容确实为 `foo`。

要运行这个示例，将其存为 *configmapPod-volume.yaml* 文件。确保你已经创建了本节开头用 *configmap.yaml* 描述的 ConfigMap。当完成这些步骤后，你可以通过下面的命令运行这个示例：

```
$ kubectl apply -f configmapPod-volume.yaml
```

要查看容器的输出，可以使用 kubectl logs<pod Name>命令，如下所示：

```
$ kubectl logs configmapexample-volume
```

你会看到如下的输出，以确认创建了文件：

```
customkey1
customkey2
foo
```

要删除刚刚创建的 Pod，运行如下命令：

```
$ kubectl delete Pod configmapexample-volume
```

以环境变量的方式使用 ConfigMap

若以环境变量的方法使用 ConfigMap，ConfigMap 的键会存为环境变量的名称，它们的值则会作为对应环境变量的值。Pod YAML 的容器部分中加入了一个名为 env 的段落。下面的示例展示了基于环境变量的方法：

```
apiVersion: v1
kind: Pod
metadata:
  name: configmapexample
spec:
  containers:
  - name: configmapexample
    image: busybox
    command: [ "/bin/sh", "-c", "echo customkey1: $(KEY1)
      customkey2: $(KEY2) " ]
    env:
      - name:  KEY1
        valueFrom:
          configMapKeyRef:
           name:custom-config
           key: customkey1
      - name:  KEY2
```

```
        valueFrom:
          configMapKeyRef:
            name:custom-config
            key: customkey2
```

你可以看见 `containers` 段落添加了 `env` 段落。`env` 段落声明了两个值：`KEY1` 和 `KEY2`。根据每个值都会创建一个环境变量。使用 `valueFrom` 和 `configMapKeyRef` 语法结构，环境变量 `KEY1` 会被赋予 custom-config 这个 ConfigMap 中 `customkey1` 的值。类似的，环境变量 KEY2 会被赋予 custom-config 这个 ConfigMap 中 `customkey2` 的值。环境变量 KEY1 和 KEY2 可以在容器镜像执行命令中使用。为了证明这一点，上面这个例子通过容器运行的命令打印了 `KEY1` 和 `KEY2` 的值。

想要运行这个示例，可以将其存为 *configmapPod-env.yaml* 文件。需要确保你使用本节最开始的 *configmap.yaml* 创建了 ConfigMap。当完成这几步后，你可以通过如下命令自己运行该示例：

```
$ kubectl apply -f configmapPod-env.yaml
```

可以使用 `kubectl logs`*`<pod Name>`*命令查看容器的输出，如下所示：

```
$ kubectl logs configmapexample
```

可以看到如下输出，以确认创建了对应的文件和内容：

```
$ customkey1: foo customkey2: bar
```

可以运行如下命令删除你刚刚创建的 Pod：

```
$ kubectl delete Pod configmapexample
```

就如同在这个示例看到的，ConfigMap 对于容器的配置注入非常有用。但如果你想注入某些敏感信息（如用户名和密码）的时候怎么办？ConfigMap 并不合适存储这类信息，因为这些信息需要被隐藏。对于这类信息来说，Kubernetes 提供了 Secret 对象，我们会在下一节中学习。

Secret

Kubernetes 提供了 *Secrets* 用于将敏感信息动态注入到容器中。作为一种最佳实践方法，用户身份、密码和安全令牌等敏感信息不应该直接绑定到容器镜像中，因为这样极大地提高了敏感信息泄露的概率。相反，你应该使用 Secret 构造将这些敏感信息动态地注入到 Pod 的容器中。

Secret 的工作原理与 ConfigMap 非常类似。类似地，你首先创建一个 Secret。在创建 Secret 之后，Pod 提供了将 Secret 中敏感信息注入运行容器的机制。例如，我们假设你的容器需要一个用户名和密码，用户名是 admin，密码为 letbradin。要创建一个表示此信息的 Secret，你可以将两条信息存为文本文件，然后运行 `kubectl create secret` 命令，如下所示：

```
$ echo -n "admin" > username.txt
$ echo -n "letbradin" > password.txt
$ kubectl create secret generic webserver-credentials
--from-file=./username.txt
-- from-file=./password.txt
```

在创建 Secret 之后，有两种常用的使用方法：以文件的方式，或者以环境变量的方式。

以文件方式使用 Secret

若使用 Secret 作为文件的方法，会创建一个以键为文件名的文件，文件的内容为 Secret 的值。通过 volumeMounts 挂载这些文件，Secret 中的敏感信息就可以通过卷进行访问。下面是这种使用方法的示例：

```
apiVersion: v1
kind: Pod
metadata:
  name: secretexample-volume
spec:
  containers:
    - name: secretexample-volume
      image: busybox
      command: [ "/bin/sh", "-c", "ls /etc/bt_config ; cat
/etc/bt_config/web_password ; echo"]
       volumeMounts:
       - name: secret-volume
         mountPath: /etc/bt_config
       imagePullPolicy: IfNotPresent
  volumes:
    - name: secret-volume
      secret:
        secretName: webserver-credentials
        items:
        - key: password.txt
          path: web_password
        - key: username.txt
          path: web_username
```

这里创建了一个名为 secret-volume 的卷，关联了一个名为

webserver-credentials 的 Secret。注意，这个 Secret 是在本节开始的时候创建的。然后使用 volumeMount 以/etc/bt_config 的 mountPath 路径挂载 secret-volume。定义这个挂载之后，Secret 的值就存于/etc/bt_config 目录的文件中。为了演示前面的示例而创建了这些文件，容器镜像中添加了一个命令选项，该选项将覆盖默认命令。新的命令打印了/etc/bt_config 目录中的内容，以显示确实创建了文件。该命令同时也打印了/etc/bt_config/web_password 文件，以证明其内容确实是 value letbradin。

要运行这个示例，将它存为一个名为 *secretPod-volume.yaml* 的文件。确保你已经创建了本节最开始描述的名为 webserver-credentials 的 Secret。当完成这些步骤后，你可以通过如下命令运行该示例：

```
$ kubectl apply -f secretPod-volume.yaml
```

可以使用 kubectl logs<*pod Name*>命令查看容器的输出，如下所示：

```
$ kubectl logs secretexample-volume
```

可以看到如下输出，以确认创建了对应的文件和内容：

```
web_password
web_username
"letbradin"
```

可以使用如下命令删除刚刚创建的 Pod：

```
$ kubectl delete Pod secretexample-volume
```

以环境变量的方式使用 Secret

若以环境变量的方法使用 Secret，Secret 的键会存为环境变量的名称，它们代表的敏感信息会作为对应环境变量的值。Pod 的 YAML 中加入了一个 env 段落。下面的示例展示了如何使用基于变量的方法访问 Secret 的数据：

```
apiVersion: v1
kind: Pod
metadata:
  name: secretexample
spec:
  containers:
  - name: secretexample
    image: busybox
    command:  [ "/bin/sh", "-c", "echo user name: $(USER)
password: $(PASS) " ]
    env:
      - name: USER
        valueFrom:
          secretKeyRef:
           name: webserver-credentials
           key:  username.txt
      - name:  PASS
        valueFrom:
          secretKeyRef:
           name: webserver-credentials
           key:  password.txt
```

注意，containers 段落中添加了 env 段落。env 段落声明了两个值：USER 和 PASS。每个值都会创建一个环境变量。使用 valueFrom 和 secretKeyRef 语法结构，环境变量 USER 会被赋

予名为 `webserver-credentials` 的 Secret 中 *username.txt* 中的值。类似的，环境变量 `PASS` 会被赋予名为 `webserver-credentials` 的 Secret 中 `password.txt` 的值。在上面的示例中，环境变量 `USER` 和 `PASS` 可以用于容器镜像执行的命令中。为了说明这一点，上面这个例子通过容器运行的命令打印了 `USER` 和 `PASS` 的值。

要运行这个示例，将它存为一个名为 *secretPod-env.yaml* 的文件。确保你已经创建了本节最开始描述的名为 `webserver-credentials` 的 Secret。当完成这些步骤后，你可以通过如下命令运行该示例：

```
$ kubectl apply -f secretPod-env.yaml
```

可以使用 `kubectl logs<pod Name>`命令查看容器的输出，如下所示：

```
$ kubectl logs secretexample
```

可以看到如下的输出，以确认创建了对应的环境变量和值：

```
$ user name: "admin" password: "letbradin"
```

可以使用如下命令删除刚刚创建的 Pod：

```
$ kubectl delete Pod secretexample
```

注意 我们还没做完：确保你的 Secret 的安全！

这是一个非常关键的安全提示，我们必须提及：默认情况下 Kubernetes 中的 Secret 只是编码但未进行加密。为了真正保护你的 Secret，我们强烈建议你启用 **Secret 加密**（http://bit.ly/2ORsavt），但加密主题超出了本书的范围。

镜像仓库

到目前为止，我们将所有注意力集中在 Kubernetes 的声明式资源上。但是，所有这些容器存放在哪里？

你已经看到过 Pod 引用的镜像：

```
...
        image: nginx:1.7.9
...
```

但是这行代码是什么？让我们分解一下。每个镜像都遵循 *repository:tag* 的格式。让我们看下其中的每一部分。

repository

repository 反映了镜像的逻辑名，典型的例子包括 *nginx*、*ubuntu* 或者 *alpine*。这些 repository 是 *docker.io/nginx*、*docker.io/ubuntu* 以及 *docker.io/ubuntu* 的简写形式。Docker 运行时知道从 Docker Registry（https://index.docker.io/v1/）请求这些层的数据。你也可以将镜像保存到你自己的仓库中。

tag

这是表示特定版本的标签。Tag 可以使用任何支持你分发过程的格式。我们推荐采用 *semver*（*https://semver.org*）、Git 提交或者是两者的结合。你还将找到使用 *latest* 的命名惯例来表示可用的最新版本。

一个实际的图像层可以有多个标签，甚至可以由多个存储库同

时引用 *reposiory：tag* 组合。

当创建持续集成/持续交付（CI/CD）的流水线时，你会为所有应用源代码的变更构建映像。每个镜像都会被打上标记并推送到镜像仓库中，Kubernetes 集群可以访问该镜像仓库。下面是一些可选的私有镜像仓库：

JFrog Artifactory（*https://jfrog.com/artifactory/*）

Artifactory 是一种制品惯例工具。Artifactory 支持 Java 库（**.jar，*.war，*.ear*）或者容器镜像仓库的节点模块。Artifactory 提供了开源版本和商业版本。你也可以使用 Kubernetes 集群中的 Helm chart 部署 Artifactory，比如部署到你管理的 IBM Cloud PrivateKubernetes 集群中。

IBM Cloud Container Registry（**https://www.ibm.com/cloud/container-registry**）

IBM 托管的私有镜像仓库。

IBM Cloud Private 内置的集群私有仓库（**https://www.ibm.com/cloud/private**）

在默认情况下，内置的镜像仓库可以在本地 Kubernetes 集群中使用，并关联到一个基于角色的访问控制策略（RBAC），该 RBAC 与作用于命名空间的是同一个。

Docker Hub

在没有指定镜像仓库时，Docker 运行时使用默认的镜像仓库。

要让 Kubernetes 访问镜像仓库，必须创建一个镜像拉取 Secret（*Image Pull Secret*）。镜像拉取 Secret 存储了访问特定镜像仓库的密钥。Pod 可以指定其镜像拉取 Secret 以使容器运行时能够将镜像拉取到运行 Pod 的主机。或者，你可以存储镜像拉取 Secret，以便在给定名称空间中部署的任何 Pod 都可以访问同一个镜像仓库。第 4 章会展示一个示例，并概述了 Namespace，以及如何使用它们。

Helm

我们已经讨论了许多 Kubernetes 资源类型，它们通常共同协作以交付完整的应用。但你希望动态地更改一个包或者打包步骤的部分值时，并没有一种内置的方法在不编辑文件的情况下通过命令行覆盖参数的值。*Helm* 是一个 Kubernetes 包管理工具，使你可以创建一个包，这个包能够含有所有组成应用的资源的多个模板。你在 Helm 包中可以看到的 Kubernetes 常见资源，比如 ConfigMap、Deployment、PersistentVolumeClaim、Service 等，以及其他许多类型的资源。

一套模板的集合被称作一个 Helm chart。Helm 提供了它自己的命令行接口（helm（https://github.com/helm/helm））用于部署 chart，可以通过命令行或者一个名为 *values.yaml* 的单个文件为参数值提供选项。

IBM Cloud Private 包含丰富的 **Helm chart** 目录（http://bit.ly/catalog-docs）（见图 3-1），该目录在社区版中可用，在商业版中也可用。

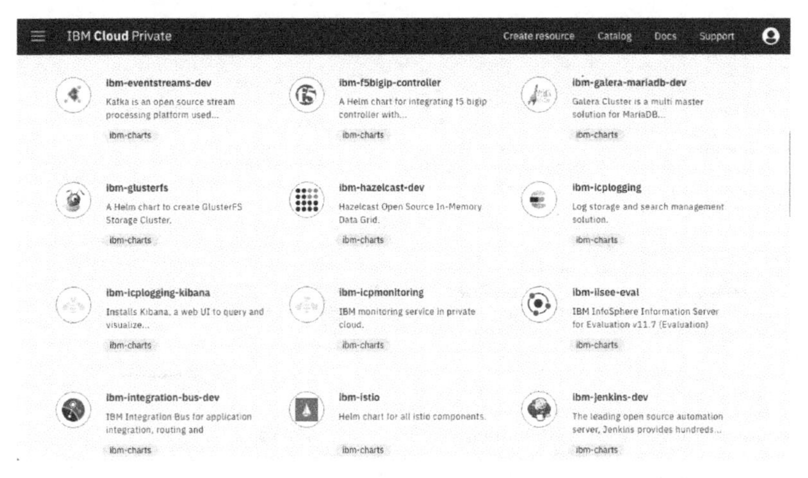

图 3-1　IBM 私有云提供了丰富的目录，以 Helm chart 的形式发布。用户可以使用社区 chart 或者添加它们自己的 chart

对于 IBM Kubernetes 云服务的用户来说，你会发现 **Helm** 的内容可以通过用户界面（http://bit.ly/2DBkEUg）上的 **Solutions** > **Helm** 页面轻松浏览，如图 3-2 所示。

你也可以利用 KubeApps（https://hub.kubeapps.com/）中广泛的社区更改的优势。图 3-3 展示了 KubeApps 目录的截图。

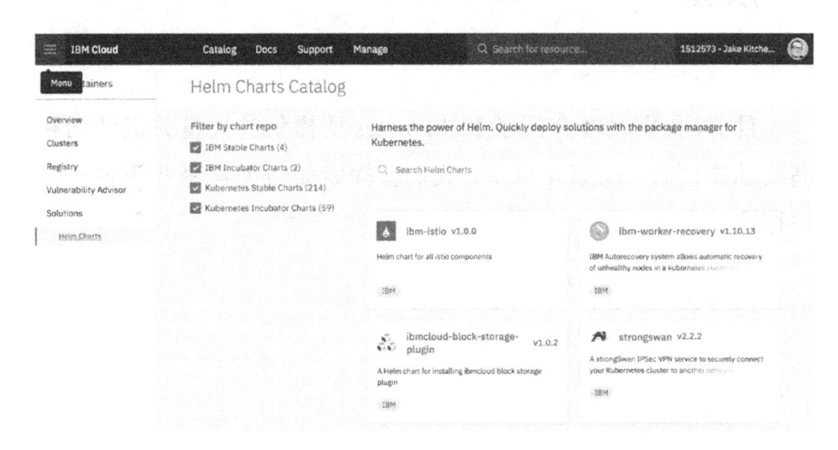

图 3-2　IBM Cloud Kubernetes Service 在目录中提供 Helm chart，并为私有和公共集群提供一致性打包和部署能力

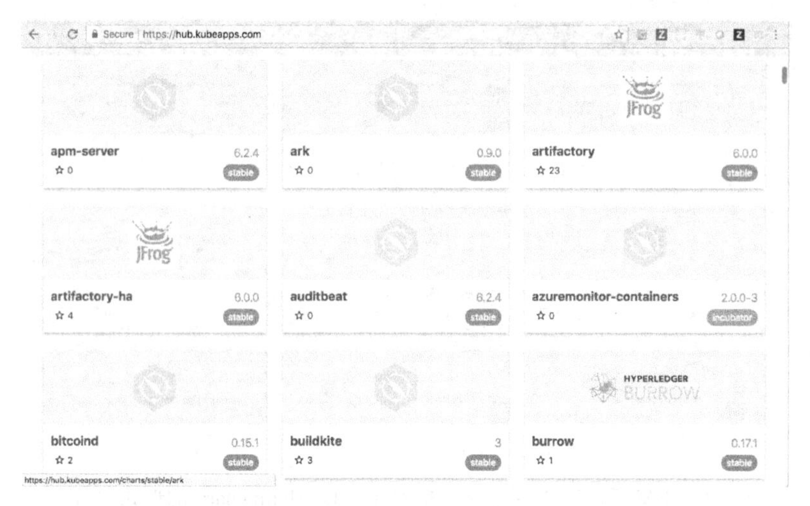

图 3-3　kubeapps.com 目录提供了一个社区驱动的方法，可以为任何的 Kubernetes 应用创建和发布 Helm chart

第 4 章会提供 Helm chart 支持的中间件的示例。你也可以为自己的应用创建 Helm chart，但这个也超出了本书的范围。

展望

目前，我们已经介绍了 Kubernetes 所提供的大量关键结构和高级抽象概念。在第 4 章中，我们会探索如何创建企业级生产应用程序。

第 4 章 生产应用介绍

在本章中，我们提供了几个示例，指导你在 Kubernetes 上运行企业级应用程序。我们首先讨论 Kubernetes 中的微服务。然后再引入几个重要的概念，在后续的篇幅将具体解释每一个概念。

我们需要你准备集群以运行这些示例。我们将在附录 A 介绍一些运行 Kubernetes 及通过命令行（CLI）进行配置的方法。

我们的第一个微服务

老子云：“千里之行始于足下”。微服务也是如此。让我们通过端到端来构建一个示例，以此进入我们的第一个微服务，然后将扩展到完整的应用程序。

建议使用两个基础学习资源来构建优秀的微服务：12 要素 (https://12factor.net/)，以及 *Release It* (https://pragprog.com/book/mnee2/release-it-second-edition) 一书中描述的稳定性和可用性模式。

12 要素（https://12factor.net/）中的每个因素都单独介绍了构建可扩展和可管理的微服务的一个方面，比如强调了声明格式和关注点分离等特征。

支持可伸缩 Web 服务的 12 要素之一是通过进程环境对配置进行外部化。Kubernetes 的许多方面可以直接映射 12 要素原则。例如，正如在第 3 章中已经看到的那样，Kubernetes 定义了 ConfigMap 和 Secret 来为应用程序提供配置。配置数据可以采用进程环境变量、配置文件，甚至传输层安全性（TLS）证书和密钥的形式。

微服务需要依赖的服务正常工作，更多的时候，需要预先处理依赖服务的失败响应。如果你不熟悉构建微服务，我们强烈建议你阅读一下 *Release It*，它会介绍设计模式，**如断路器**（https://martinfowler.com/bliki/CircuitBreaker.html）、**舱壁模式**（http://bit.ly/2zz7bbm）、快速故障和超时等设计模式。每一个模式都侧重于解决分布式系统行为，如链式反应、级联故障和服务级别协议（SLA）反转。这些故障模式中的每一个都是微服务在其他微服务上的嵌套依赖性的结果。相应的可用性和稳定性模式（如断路器、舱壁模式、快速故障等）是实用的，与语言无关的方法，可以优雅地响应服务降级而不完全中断系统。

现在，我们将使用一个应用程序来展示容器化应用程序的各个方面，该应用程序称为 StockTrader。你可以在本书的 **GitHub 页面**（https://github.com/kubernetes-in- the-enterprise）上浏览此应用程序的源代码。

我们的 portfolio 应用程序可以连接到其他几种服务，包括数据库、消息服务和其他微服务，利用 Kubernetes 提供的各种资源来实现此应用程序。我们已经讨论过 Kubernetes 的声明模型。让我们先对移动部分进行讨论，然后深入了解如何为 Stock Trader 应用程序应用声明性模型的细节。

我们将端到端地构建 portfolio，从现有的源代码开始构建镜像，并使用 Kubernetes 部署容器。我们将为其依赖服务配置其依赖关系，并重用镜像，这些服务已在 DockerHub 上发布并可用。

我们所有的容器都被部署为 Pod。这些 Pod 如何由 Kubernetes 管理将由其编排控制器决定。例如，一个 Deployment 创建了一个 ReplicaSet，它需要无状态的 Pod；任何失败的 Pod 将立即被重新创建，直到 Kubernetes 观察到所需的数据副本都为 Ready。StatefulSet 以有序的方式创建 Pod；并预计每个 Pod 将保留部分或完整的数据副本。因此，只有当现有的 Pod 状态变为 Ready 时，才会调度新的 Pod。Deployment 用于任何以上提到的“12 要素”微服务。正如您所猜测的，StatefulSet 用于数据、消息传递和缓存服务。当然，我们的 StatefulSet Pod 也将通过 PersistentVolumes 挂载存储。

微服务通过 Kubernetes 中 Service 来处理依赖关系，这提供了一个域名系统（DNS）可解析的名称，该名称将由一个或多个端点提供服务。也可以使用其他服务注册和发现框架，例如 **Netflix OSS Eureka**（http://bit.ly/15Co2I7）或 Consul（https://www.consul.io），但我们将重点放在开箱即用的内容上。

命名空间 (Namespace)

Kubernetes 中的命名空间允许为微服务定义隔离，可以通过 YAML 或命令行创建命名空间。下面是一个简单的 YAML 文件，它描述了 Stock Trader 应用程序使用的 `stock-trader` 命名空间资源：

```
apiVersion: v1
kind: Namespace
metadata:
```

```
    name: stock-trader
```

要创建命名为 `stock-trader` 的命名空间，则需要将以上示例代码保存为 *namespace.yaml*，然后执行以下 `kubectl apply` 命令来创建它：

```
$ kubectl apply -f namespace.yaml
```

或者，可以使用 `kubectl create` 来创建命名空间，从而跳过使用 YAML 声明：

```
$ kubectl create namespace stock-trader
```

使用标志 --namespace = [ns] 或 -n = [ns] 运行命令时，始终可以选择命名空间。或者可以通过更新 context 配置来更新用于所有命令的默认命名空间：

```
    $ kubectl config set-context $(kubectl config
current-context)\
    --namespace=stock-trader
```

Kubernetes 将之前讨论过的许多概念归结为命名空间。命名空间允许在集群上隔离应用程序。通过这种隔离，可以控制以下内容。

基于角色的访问控制（**RBAC**）

定义用户可以在命名空间中查看、创建、更新或删除的内容。稍后我们将详细了解 RBAC 如何在 Kubernetes 中运行。

网络策略

定义隔离以严格管理 Pod 之间的传入网络流量（网络入口）和

传出网络流量（网络出口）通信。

配额管理

控制命名空间中 Pod 允许使用的资源。通过控制配额，可以确保某些团队不会超出集群中的可用容量。

按节点隔离工作负载

命名空间可与 Admission Controllers (http://bit.ly/2ztKrJM) 配合使用，使 Pod 在集群中的特定节点上运行。

工作负载 *Readiness* 或 *Provenance*

命名空间可以与 Admission Controllers 一起使用，只允许某些镜像（通过白名单、镜像签名等）在命名空间的上下文中运行。

ServiceAccount

与集群交互时，通常将自己表示为用户身份。在 Kubernetes 中，我们给系统分配一个身份，系统用这个身份与各种资源进行交互。很多时候，Pod 可能会使用 Kubernetes API 与系统的其他部分进行交互，或者产生像 Job 这样的工作。当我们部署 Pod 时，它可能与 PersistentVolume、主机文件系统主机网络交互，或者对某些操作系统（OS）用户提供文件系统访问。在大多数情况下，人们希望给定 Pod 的默认限制权限，而不是所有的权限。基本上，在集群、主机操作系统、网络层和存储层中，Pod 被赋予访问的直接操控越少，可以利用的攻击机会就更少。

要使 Pod 与系统交互，会为其分配一个 ServiceAccount。把它想象成一个功能性身份。ServiceAccount 是可以通过 token 对系统进行身份验证的，并且可以对某些行为进行授权。

我们现在介绍这个主题，是因为我们很快就会创建一个 ServiceAccount 以此作为命名空间的一部分。

PodSecurityPolicy

当 Pod 部署到命名空间时，ServiceAccount 为它们提供了各种权限。PodSecurityPolicy 控制那些被允许的权限。我们将演示 PodSecurityPolicy 如何授予容器特殊的操作系统权限，包括限制特定 Linux 内核功能，以及基于组织安全标准的非常精细的控制。

在部署数据库时，我们将创建一个 PodSecurityPolicy 供特定 ServiceAccount 使用，以确保我们的数据库具有在容器中运行所需的权限。

对于 IBM Cloud Kubernetes Service 的用户，你会发现在默认情况下启用了 PodSecurityPolicy。所有集群包括 `privileged-psp-user` 和 `restricted-psp-user` 的 PodSecurityPolicy 选项，以及相应 RBAC。[1]

1 "Configuring *pod security Policies*" (http://bit.ly/2zB1olN)，IBM Cloud 文档。

将容器化的 Db2 数据库部署为 StatefulSet

要存储 portfolio 的数据，我们可以部署一个数据库。IBM 的 Db2 是经过实战考验的、可扩展的多平台数据库，专为关键任务工作负载而设计。我们将部署 Db2 作为容器。Db2 服务将作为一个 StatefulSet 运行，并使用已安装的 PersistentVolume 来存储其数据。每当 Pod 或工作节点发生故障时，Kubernetes 调度程序会自动将 Pod 重新安排到另一个健康的节点上。为了确保我们的底层存储也具有高可用性，我们使用一个名为 GlusterFS 分布式文件系统。

> **注意** 有关容器的 GlusterFS 和持久性的更多信息，请参阅第 7 章。

在本节中，我们将演示如何将 Db2 数据库容器与其自己的命名空间中的其他容器进行隔离。我们在 **devWorks recipe** (https://ibm.co/2QbQfNK) 中讨论 Kubernetes 上 Db2 的替代部署路径，然后定义运行时授予的权限。接下来，我们定义一个 Service，以便在应用程序的命名空间中为 Pod 提供数据库服务。

本节中引用的示例可在 GitHub 上获得，也可以使用以下命令将示例复制到本地：

```
$ git clone https://github.com/kubernetes-in-the-enterprise/
 portfolio-database.git
```

Db2 被打包为 Helm Chart。Helm Chart 可以被视为一次性创建 Kubernetes 应用程序的多个部分的快速安装方法（有关 Helm Chart 的更多信息，请参阅第 3 章）。下面是我们要做的事情。

1. 创建一个命名空间以保护数据库容器。

2. 配置一个 Secret 以存储凭证，以访问远程的 Docker Store，从而将空闲的 Db2 镜像拉入集群。

3. 为命名空间配置 PodSecurityPolicy，以允许数据库容器具有某些权限。

4. 配置命名空间的 ServiceAccount，以包含镜像拉取密钥，并使用 PodSecurityPolicy。

5. 为客户端配置 Helm Repository，以便将 Chart 部署到集群中。

为数据库创建命名空间

创建命名空间允许为数据库指定自定义安全策略，也可以选择稍后限制部署在命名空间中的 Pod 的传入或传出网络通信。除此之外，我们可能需要定义命名空间的配额，以确保集群根据可用容量优先处理我们的数据库。让我们看看代码是如何做到这一点的：

```
$ kubectl create namespace stock-trader-data
$ kubectl config set-context $(kubectl config
current-context)\
    --namespace=stock-trader-data
```

为数据库的 ServiceAccount 创建自定义 PodSecurityPolicy

我们的 Db2 容器需要一些通常在默认情况下受限制的附加功能。现在创建一个 PodSecurityPolicy，并将在 `stock-trader-data` `Namespace` 中提供给 ServiceAccount。

可以将 PodSecurityPolicy 视为容器的“房屋规则”。启动 Pod 后，它将与 PodSecurityPolicy 匹配，后者管理作为 Pod 一部分的所有容器。如下面的代码所示，我们创建了以下策略来阻止特权执行，但允许特权升级，也允许访问各种卷，但对用做容器身份的用户和组进行了限制。这些规则有助于减少恶意容器对主机的直接攻击。

```
apiVersion: policy/v1beta1
kind: PodSecurityPolicy
metadata:
  name: db2-privileges
spec:
  privileged: false
  allowPrivilegeEscalation: true
  allowedCapabilities:
  - 'SYS_RESOURCE'
  - 'IPC_OWNER'
  - 'SYS_NICE'
  hostIPC: true
  hostNetwork: false
  volumes:
    - 'configMap'
    - 'emptyDir'
    - 'projected'
    - 'secret'
    - 'downwardAPI'
    - 'persistentVolumeClaim'

  runAsUser:
    rule: 'RunAsAny'
  seLinux:
    rule: 'RunAsAny'
  seLinux:
```

```
    rule: 'RunAsAny'
  supplementalGroups:
    rule: 'MustRunAs'
    ranges:
      - min: 1
        max: 65535
  fsGroup:
    rule: 'MustRunAs'
    ranges:
      - min: 1
        max: 65535
```

在此策略中，我们还授予专门针对 Db2 的特定功能。如果我们允许容器以特权运行，那么它将可以访问 Linux 内核提供的所有功能。在这里，我们将列表减少到只剩被需要的部分。

要了解 Linux 内核的所有可用功能，请参阅个人操作系统的手册页或 **Linux 手册页**中的功能。

我们使用常用的命令 kubectl apply 安全策略。与到目前为止我们讨论的大多数资源不同的是，PodSecurityPolicy 是集群作用域。因此，不需要在文档或命令中指定命名空间：

```
$ kubectl apply -f db2-pod-security-policy.yaml
podsecuritypolicy.policy "db2-privileges" created

$ kubectl get psp

NAME              DATA      CAPS                          \
SELINUX    RUNASUSER
FSGROUP     SUPGROUP    READONLYROOTFS    VOLUMES
db2-privileges   false     SYS_RESOURCE,IPC_OWNER,
SYS_NICE   \
RunAsAny   RunAsAny
```

```
MustRunAs    MustRunAs    false
configMap,emptyDir,projected,secret,downwardAPI,\
persistentVolumeClaim
default        false                              \
RunAsAny
MustRunAsNonRoot   MustRunAs   MustRunAs   false
configMap,emptyDir,projected,secret,downwardAPI,\
persistentVolumeClaim
privileged      true      *                       \
RunAsAny   RunAsAny
RunAsAny    RunAsAny    false         *
```

为访问 Db2 容器镜像，创建一个镜像拉取密钥

在大多数环境中，会使用私有镜像仓库存储所有的镜像。为了让 Kubernetes 能够拉取镜像，可以创建一种特殊的密钥（Secret），该密钥称为镜像拉取密钥（Image Pull Secret）。这些类型的密钥遵循特定的结构，并定义用来访问镜像仓库的个人凭证。当 Pod 在主机上启动时，镜像拉取密钥为容器运行时提供了必要的访问权限，以便在容器启动之前从仓库中提取镜像。

Db2 通过 Docker Store 提供给开发人员，你可以访问 **Docker Cloud(https://dockr.ly/2Qfdsi9)** 订阅 **Db2**（免费）。

在订阅此免费镜像后，就可以创建必要的镜像来提取密钥，以便集群能够访问该镜像，可使用密码或生成 API 密钥。

注意 有关如何创建 API 密钥的说明，请参阅附录 D。

```
$ kubectl create secret docker-registry dockerhub \
--docker-username=<userid> \
--docker-password=<API key or user password> \
```

```
--docker-email=<email> \
--namespace=stock-trader-data
```

创建命名空间还会创建 ServiceAccount。现在使用 kubectl 上的 patch 命令将镜像拉取密钥与 ServiceAccount 关联起来。patch 命令接收 JSON 片段，并将其应用于目标对象。

以下命令更新 stock-trader-data 命名空间中的默认 ServiceAccount，以使用镜像拉取密钥的 docker hub：

```
$ kubectl patch --namespace=stock-trader-data serviceaccount \
default -p '{ "imagePullSecrets": [{"name": "dockerhub"}]}'
```

```
$ kubectl describe serviceaccount default
Name:                default
Namespace:           stock-trader-data
Labels:              <none>
Annotations:         <none>
Image pull secrets:  dockerhub
Mountable secrets:   default-token-7qvqq
Tokens:              default-token-7qvqq
Events:              <none>
```

配置 ServiceAccount 以使用 PodSecurityPolicy 和镜像拉取密钥

确保你仍在使用 stock-trader-data 命名空间：

```
$ kubectl config set-context $(kubectl config
current-context) \
  --namespace=stock-trader-data
```

所有命名空间都带有默认的 ServiceAccount。回想一下，

ServiceAccount 提供了一个功能标识，Pod 使用该标识与集群的其余部分进行交互。就像用户一样，ServiceAccount 被分配了允许与 Kubernetes API 交互的角色。

我们来创建一个用于访问 PodSecurityPolicy 的 `ClusterRole`。`ClusterRole` 是 Kubernetes RBAC 的一部分。通常，角色定义一组动词、资源类型和资源。将用户标识或 ServiceAccount 分配给角色时，它将能够针对资源类型或特定资源执行动作（API 调用）。在第 7 章中对 `ClusterRole` 有更详细的描述。

我们还创建了 ClusterRoleBinding，它将 ClusterRole 与 `stock-trader-data` 命名空间中的特定 ServiceAccount 关联起来。注意，我们在文件顶部使用了“---”分隔符，并在它们之间用来表示单个文件中的多个对象：

```
---
kind: ClusterRole
apiVersion: rbac.authorization.k8s.io/v1
metadata:
  name: db2-privileges-cluster-role
rules:
- apiGroups: ['policy']
  resources: ['podsecuritypolicies']
  verbs:  ['use']
  resourceNames: ['db2-privileges']
---
kind: ClusterRoleBinding
apiVersion: rbac.authorization.k8s.io/v1
metadata:
  name: db2-privileges-cluster-role-binding
roleRef:
  kind: ClusterRole
  name: db2-privileges-cluster-role
  apiGroup: rbac.authorization.k8s.io
```

```
subjects:
- kind: ServiceAccount
  name: default
  namespace: stock-trader-data
```

我们可以在同一个命令中应用这两个对象：

```
$ kubectl apply -f db2-pod-security-policy-
cluster-role.yaml

clusterrole.rbac.authorization.k8s.io
"db2-privileges-cluster\
-role" configured
clusterrolebinding.rbac.authorization.k8s.io
"db2-privileges-\
cluster-role-binding"
created
```

`stock-trader-data` 命名空间中的默认 ServiceAccount 现在被授权可以使用前面示例中创建的 PodSecurityPolicy 的 `db2-privileges`。

部署我们的数据库

Helm 仓库收集一组可供部署的 Chart。在本例中，我们使用公共 IBM Helm 仓库来存储 Chart。配置 Helm 时，需要添加此存储库的定义，如下所示：

```
$ export HELM_HOME=~/.helm
$ helm repo add ibm-charts \
https://raw.githubusercontent.com/IBM/charts/master/
repo/stable/
$ helm repo update
```

每个 Helm chart 都公开了一组参数。对于 Db2，我们只需要提供持久化存储期望的大小、存储类型的名称，以及 Db2 实例和数据库名称的选项。

对于你使用的任何 Kubernetes 集群，它们大多数值都是相同的。但是，`storageClassName` 的值将根据你的环境而变化。在这里，我们使用部署了 GlusterFS 的 IBM Cloud Private 集群，并使用名为 `glusterfs` 的存储类型。在 IBM Cloud Kubernetes Service 上，请考虑使用 `ibmc-block-gold StorageClass`。

使用 Db2 的 Helm chart，配置数据库，你可以选择以下两种模式之一。

- StatefulSet 具有单个 Pod，具有已安装的持久存储。在此配置下，如果 Pod 变得不正常或节点出现故障，则会将新 Pod 安排到正常的节点上，并将原始 PersistentVolume 重新挂载到容器中。已提交到磁盘的数据不会丢失。
- 带有两个 Pod 的 StatefulSet，配置为高可用性/灾难恢复（HADR），具有已安装的持久化存储。在此配置下，两个 Pod 都可以维护数据库的活动副本。放置规则将确保在不同的主机上安排和部署 Pod。为了支持主数据库副本的选择，自动为 etcd（分布式键值存储）配置第二个 StatefulSet。如果 Pod 遇到故障，则剩余的 Pod 将检测到主副本不正常，并使用数据库的热备份为传入请求提供服务连续性。

让我们从单个 Pod 的状态集开始。在这里，我们使用数据库实例名称和密码配置 Helm chart，并创建一个名为 `STRADER` 的默认数据库。

```
$ kubectl config set-context $(kubectl config
current-context) \
  --namespace=stock-trader-data>
```

```
$ export HELM_HOME=~/.helm>

# Optionally, fetch the chart prior to installing it
$ helm fetch ibm-charts/ibm-db2oltp-dev

$ helm install --name stocktrader-db2
ibm-charts/ibm-db2oltp-dev \
  --tls \
  --set db2inst.instname=db2inst1 \
  --set db2inst.password=ThisIsMyPassword \
  --set options.databaseName=STRADER \
  --set peristence.useDynamicProvisioning=true \
  --set dataVolume.size=20Gi \
  --set dataVolume.storageClassName=glusterfs
```

> **注意**
>
> 要在 HADR 配置中运行 Db2，可能需要对工作节点进行其他更新。作为高度优化的数据库，需要对 Linux 内核参数进行特殊考虑，以获得最佳性能。你可能需要根据文档验证或更新这些配置。[2]

我们可以通过设置标志 `hadr.enabled=true` 来配置支持 HADR 的数据库。设置此标志会使 Helm chart 配置其他资源，包括 etcd（分布式键值存储）的 StatefulSet，并在容器启动时运行其他配置：

```
$ kubectl config set-context $(kubectl config
current-context) \
  --namespace=stock-trader-data

$ export HELM_HOME=~/.helm
```

2 IBM Db2 11.1 进程间通信的内核参数最小值（https://ibm.co/2MczMex）。

```
# Optionally, fetch the chart prior to installing it
$ helm fetch ibm-charts/ibm-db2oltp-dev
$ helm install --name stocktrader-db2
ibm-charts/ibm-db2oltp\
-dev
  --tls \
  --set db2inst.instname=db2inst1 \
  --set db2inst.password=ThisIsMyPassword \
  --set options.databaseName=STRADER \
  --set peristence.useDynamicProvisioning=true \
  --set dataVolume.size=2Gi \
  --set hadr.enabled=true \
  --set hadr.useDynamicProvisioning=true \
  --set dataVolume.storageClassName=glusterfs \
  --set hadrVolume.storageClassName=glusterfs \
  --set etcdVolume.storageClassName=glusterfs

NAME:   stocktrader-db2
LAST DEPLOYED: [...]
NAMESPACE: stock-trader-data
STATUS: DEPLOYED

RESOURCES:
==> v1/Service
NAME                          TYPE            CLUSTER-IP\
EXTERNAL-IP  PORT(S)
AGE

stocktrade-ibm-db2oltp-dev-db2   NodePort   10.0.0.95
<none>
50000:31187/TCP,55000:31392/TCP        2s
stocktrade-ibm-db2oltp-dev    ClusterIP  None    <none>
50000/TCP,55000/TCP,60006/TCP,60007/TCP  2s
stocktrade-ibm-db2oltp-dev-etcd  ClusterIP None <none>
```

```
2380/TCP,2379/TCP                          2s

==> v1beta2/StatefulSet
NAME                              DESIRED  CURRENT   AGE
stocktrade-ibm-db2oltp-dev         2        2         2s
stocktrade-ibm-db2oltp-dev-etcd 3        3         2s

   ==> v1/Pod(related)
   NAME
   stocktrade-ibm-db2oltp-dev-0        READY  STATVS
RESTADTS  AGE
   stocktrade-ibm-db2oltp-dev-1
  stocktrade-ibm-db2oltp-dev-etcd-0  0/1   Pending  0  1s
  stocktrade-ibm-db2oltp-dev-etcd-1  0/1   Pending  0  1s
  stocktrade-ibm-db2oltp-dev-etcd-2  0/1   Pending  0  1s

   ==> v1/Secret
   NAME                          TYPE    DATA  AGE
   stocktrade-ibm-db2oltp-dev  Opaque  1     2s

   ==> v1/PersistentVolumeClaim
   NAME                STATUS   VOLUME  CAPACITY ACCESS \
   MODES STORAGECLASS  AGE
   stocktrade-hadr-stor  Pending  glusterfs  2s

   NOTES:
   1. Get the database URL by running these commands:
     export NODE_PORT=$(kubectl get --namespace
     stock-trader- \
     data -o jsonpath="{.spec.ports[0].nodePort}" \
   services stocktrade-ibm-db2oltp-dev)

     export NODE_IP=$(kubectl get nodes --namespace \
     stock-trader-
```

```
    data -o \ jsonpath="{.items[0].status.
    addresses[0].address}")

    echo jdbc:db2://$NODE_IP:$NODE_PORT/sample
```

无论选择哪种配置，都应该在容器的日志中找到表明数据库 STRADER 已创建的消息：

```
...
(*) User chose to create STRADER database
(*) Creating database STRADER ...
DB20000I  The CREATE DATABASE command completed
successfully.
DB20000I  The ACTIVATE DATABASE command completed
successfully.

08/14/2018 01:54:14    0    0   SQL1026N  The database
manager \
is already active.
SQL1026N  The database manager is already active.
### Enabling LOGARCHMETH1

  Database Connection Information

 Database server   = DB2/LINUXX8664 11.1.3.3
 SQL authorization ID  = DB2INST1
 Local database alias  = STRADER

DB20000I  The UPDATE DATABASE CONFIGURATION command
completed \
 successfully.
...
```

我们现在已经部署了数据库容器。在下一节中，我们将介绍如何让在其他命名空间中运行的应用程序来发现和连接到我们的数据库服务。

从其他命名空间连接到我们的数据库

对于我们的 portfolio 微服务连接到数据库，我们依赖于 Kubernetes 基于 DNS 的内置服务注册和发现功能。我们用 Db2 Helm chart 创建了一个 Kubernetes 服务资源。所有 Kubernetes Service 都可以通过其服务名进行 DNS 解析。

在这个例子中，我们用 `stocktrader-db2` 命名了 Db2 Helm Release。我们在 `stock-trader-data` 的命名空间中的服务名称是 `stocktrade-ibm-db2oltp-dev`。我们的 portfolio 微服务将部署在 `stock-trader` 命名空间中，因此我们还将在 `stock-trader` 命名空间中定义第二个服务，该服务用来引用 `stock-trader` 命名空间中的服务。图 4-1(https://gitlab.com/servicemesher/k8s-in-the-enterprise-translation/blob/master/en/ch04-introducing-our-production-application.md) 说明了这些服务及其各自的命名空间。

图 4-1 中，`stock-trader-data` 中的数据库在 `stock-trader-data` 对外暴露，但是使用 `stock-trader` 别名的 ExternalName Service。

实质上，我们为应用程序创建了一个别名（在 `stock-trader` 命名空间中），并将在自己的命名空间（`stock-trader-data`）将它重定向为 Db2 服务。如图 4-1 所示，在命名空间中部署 Db2 Helm chart 创建的原始服务的别名。现在让我们在应用程序的命名空间中创建第二个服务，该服务充当引用原始服务。这种技术允许你在其命名空间中隔离微服务或微服务集合，但仍允许其他命名空间中的使用者访问。有趣的是，这种方法仍然保持所有网络访问这些与外部访问隔离的后端微服务。

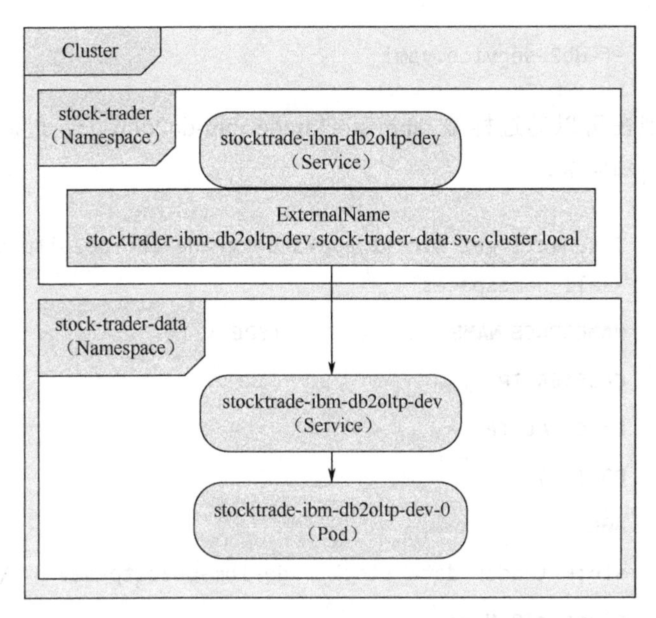

图 4-1　在 stock-trader 命名空间中定义服务

```
kind: Service
apiVersion: v1
metadata:
  name: stocktrade-ibm-db2oltp-dev
  namespace: stock-trader
  labels:
    app: stocktrade-ibm-db2oltp-dev
spec:
 type: ExternalName
 externalName: stocktrade-ibm-db2oltp-dev.
 stock-trader-data.\
 svc.cluster.local
 ports:
 - port: 50000
```

在 stock-trader 命名空间中创建服务：

```
$ kubectl --namespace=stock-trader apply
```

```
-f db2-service.yaml
```

现在可以通过标签 app=stocktrade-ibm-db2oltp-dev 过滤来查看这两种服务：

```
$ kubectl get svc -l app=stocktrade-ibm-db2oltp-dev \
--all-namespaces
NAMESPACE NAME                TYPE \
CLUSTER-IP
EXTERNAL-IP   \
PORT(S)
AGE
stock-trader-data stocktrade-ibm-db2oltp-dev    \
ClusterIP None
<none>
50000/TCP,55000/TCP,60006/TCP,60007/TCP 1h

stock-trader-data stocktrade-ibm-db2oltp-dev-db2
NodePort  \
10.1.1.208    <none>
50000:30567/TCP,55000:30057/TCP    1h

stock-trader   stocktrade-ibm-db2oltp-dev ExternalName \
<none>    stocktrade-ibm-db2oltp-dev.stock-
trader-data.svc.cluster.local  50000/TCP    6s
```

使用应用 Schema 填充数据库

现在，我们的数据库正在运行，让我们用一些应用程序表填充它。我们使用 Kubernetes Job 来配置数据库，你可以使用

Kubernetes Job 对各种计算工作负载进行批处理，它们还可用作集群内维护活动的有用工具。我们使用 Job 而不是 kubectl exec 来运行命令，因为它允许我们将更改保存为源代码，并跟踪应用程序其余部分的更新。

我们的 Job 资源重用与实际数据库容器相同的镜像。ConfigMap 附加到卷以后，将多个脚本装入 Job 以便执行。Job 启动时，该命令将执行这些脚本并更新数据库。

可以在本书的 **GitHub** 中浏览此文件 (http://bit.ly/2Oieah7)。

```
apiVersion: batch/v1
kind: Job
metadata:
  name: create-database-schema
spec:
  template:
    spec:
      containers:
      - name: create-database-schema
        image: store/ibmcorp/db2_developer_c:
               11.1.3.3a-x86_64
        command: [ "/bin/sh","-c","/scripts/
                 db2-setup.sh" ]
        volumeMounts:
        - name: db2-createschema
          mountPath: /scripts
        securityContext:
          capabilities:
            add: ["SYS_RESOURCE", "IPC_OWNER",
                  "SYS_NICE"]
        env:
        - name: LICENSE
          value: "accept"
        - name: DB2INSTANCE
```

```
            value: db2inst1
          - name: DB2INST1_PASSWORD
            valueFrom:
              secretKeyRef:
                name: stocktrade-ibm-db2oltp-dev
                key: password
          - name: DB2_SERVICE_NAME
            value: stocktrade-ibm-db2oltp-dev
          - name: DBNAME
            value: strader
        restartPolicy: Never
        volumes:
        - name: db2-createschema
          configMap:
            name: db2-createschema
            defaultMode: 0744
    backoffLimit: 1
  ---
  apiVersion: v1
  data:
    db2-setup.sh: |
      #!/bin/sh
      export SETUPDIR=/var/db2_setup
      source ${SETUPDIR?}/include/db2_constants
      source ${SETUPDIR?}/include/db2_common_functions

      if ! getent passwd ${DB2INSTANCE?} > /dev/null 2>&1;
then
         echo "(*) Previous setup has not been detected. \
      Creating the users... "
      create_users
      fi
      if ! create_instance; then
        exit 1
```

```
fi
start_db2
cp /scripts/db2-createschema.sh /database/db2- \
createschema.sh
chmod +x /database/db2-createschema.sh
su - $DB2INSTANCE-c "/database/db2-createschema.
sh \"$DB2_
SERVICE_NAME\" \"$DB2INSTANCE\"
 \"$DB2INST1_PASSWORD\" \"$DBNAME\""
db2-createschema.sh: |
  #!/bin/sh
  DB2_SERVICE_NAME=$1
  DB2INSTANCE=$2
  DB2INST1_PASSWORD=$3
  DBNAME=$4
  echo "Configure schema for database \"$DBNAME\"
  on host
  \"$DB2_SERVICE_NAME\"."
  db2 "catalog tcpip node TRADERDB remote
  $DB2_SERVICE_NAME
  server 50000"
  db2 "catalog db $DBNAME as $DBNAME at node TRADERDB"
  db2 terminate
  db2 "activate database $DBNAME"
  db2 "connect to $DBNAME user $DB2INSTANCE using
       $DB2INST1_
  PASSWORD"
  sleep 2
  db2 -tvmf /scripts/stock-trader.sql
  echo "Database $DBNAME has been configured."stock-
trader.sql: |
  CREATE TABLE Portfolio(owner VARCHAR(32) NOT NULL,
  total
  DOUBLE, loyalty
```

```
        VARCHAR(8), balance DOUBLE, commissions DOUBLE,
        free INTEGER,
    sentiment
        VARCHAR(16), PRIMARY KEY(owner));
          CREATE TABLE Stock(owner VARCHAR(32) NOT NULL,
          symbol
          VARCHAR(8) NOT NULL,
        shares INTEGER, price DOUBLE, total DOUBLE,
        dateQuoted DATE,
        commission DOUBLE,
        FOREIGN KEY (owner) REFERENCES Portfolio(owner) ON
        DELETE
        CASCADE, PRIMARY
        KEY(owner, symbol));
        kind: ConfigMap
        metadata:
          name: db2-createschema
```

在 Job resource 中，我们说明了几个重要元素。

image

我们使用运行 StatefulSet 的相同镜像作为客户端而不是服务器。假定 Job 在与数据库相同的命名空间中运行，必须能够访问我们之前创建的相同的 `dockerhub` 镜像拉取密钥。

command

我们想要覆盖镜像的默认入口，希望使用相同的二进制文件并连接到作为 StatefulSet 运行的数据库，而不是创建新的数据库服务器。该命令引用 `volumeMount` 中的文件。

volumeMount

我们通过引用 ConfigMap 的 `volumeMount` 将脚本加载到容器文件系统中。

env

我们的逻辑会尽可能地重用一些信息，例如密码。其他参数值必须与环境匹配，包括实例名称和数据库名称。

volume

在本例中，我们将 ConfigMap 引用为一个 volume。ConfigMap 已知的所有键将作为文件提供给容器，使用键的名称来定义文件的名称。我们还设置了 `defaultMode`，以确保我们的初始脚本是可执行的。

ConfigMap

`ConfigMap` 定义了我们在初始化中使用的各种文件。如果要从文件中创建 ConfigMap，可以通过 kubectl create 命令简化操作：

```
kubectl create configmap db2-createschema --from-file
db2-createschema.sh
```

db2-setup.sh

初始入口脚本，它执行容器的一些初始配置，并准备下一个以

db2inst1 用户身份运行的脚本。

db2-createschema.sh

它连接到远程数据库，为远程连接分类，并触发对数据库执行 SQL。

stock-trader.sql

用于定义 portfolio 微服务使用的表的 SQL 命令。

与所有资源一样，可以使用 kubectl apply 命令运行此 Job：

```
$ kubectl apply -f stock-trader-job.yaml
```

或者，增强我们的 portfolio 服务，使其足够智能，以检测其预期架构何时不存在，并自动创建它。

我们的数据库服务现在可以处理来自 portfolio 微服务的请求。到目前为止，总结我们的进展，我们集中探讨此工作流程中的几个重要概念。

- 创建了一个命名空间来将我们的数据库容器与集群的其余部分隔离开来。
- 创建了一个专门的 PodSecurityPolicy，以允许我们的数据库利用一小部分 Linux 内核功能。
- 创建了一个 ServiceAccount 来表示在此命名空间中部署的 Pod 的标识。因为命名空间（stock-trader-data）中只有一个 ServiceAccount（默认值），所有的 Pod 将被分配到同一个 ServiceAccount。
- 使用 ClusterRole 和 ClusterRoleBindings 来确保允许 ServiceAccount 使用我们的 PodSecurityPolicy。

- 创建了一个镜像拉取密钥，并将其与 ServiceAccount 相关联，以用于部署在命名空间中，并分配给 ServiceAccount 的任何 Pod。

准备好命名空间并支持安全对象后，我们在 Helm chart 中部署了我们的 Db2 数据库容器。Helm chart 提供了运行容器所需的资源集合，以及允许我们从命令行自定义设置的参数化选项。

最后，我们使用 Job 将应用程序模式注入数据库，并支持 ConfigMap，以便为我们的 portfolio 微服务做好准备。

接下来，我们部署 portfolio 微服务，它将会使用我们刚刚部署的数据库。

管理基于 Java 的 Portfolio 微服务作为一个 Deployment

要部署 portfolio 微服务，首先从 GitHub 复制应用程序的代码：

```
$ git clone
https://github.com/kubernetes-in-the-enterprise/
portfolio.git
```

我们来看看 Deployment 清单。如前所述，一个 Deployment 可以将我们的应用程序及其配置捕获到一个整洁的 package 中。

Deployment 将引用我们的镜像、镜像正常运行所需的配置参数，以及公开的端口。与 Db2 不同，此 Pod 没有挂载存储卷，因为它完全是无状态的：

```
apiVersion: extensions/v1beta1
kind: Deployment
metadata:
```

```
    name: portfolio
  spec:
   replicas: 1
   template:
     metadata:
     labels:
       app: portfolio
       solution: stock-trader
   spec:
     containers:
     - name: portfolio
     image:
     mycluster.icp:8500/stock-trader/portfolio:latest
     env:
       - name: JDBC_HOST
         valueFrom:
           secretKeyRef:
             name: db2
             key: host
       - name: JDBC_PORT
         valueFrom:
           secretKeyRef:
             name: db2
             key: port
       - name: JDBC_DB
         valueFrom:
           secretKeyRef:
             name: db2
             key: db
       - name: JDBC_ID
         valueFrom:
           secretKeyRef:
             name: db2
             key: id
```

```
- name: JDBC_PASSWORD
  valueFrom:
    secretKeyRef:
      name: db2
      key: pwd
# ... a whole bunch of other parameters
    - name: JWT_AUDIENCE
      valueFrom:
        secretKeyRef:
          name: jwt
          key: audience
    - name: JWT_ISSUER
      valueFrom:
        secretKeyRef:
          name: jwt
          key: issuer
  ports:
    - containerPort: 9080
    - containerPort: 9443
  imagePullPolicy: Always
```

要成功部署 portfolio 微服务，需要完成以下步骤：

1. 创建所需的密钥。可以被使用的许多密钥（MQ、ODM、Watson）是可选的，这意味着容器可以在没有它们的情况下启动。

2. 构建镜像并将其推送到镜像仓库，根据需要创建镜像提取密钥，以将 portfolio 微服务器部署到集群中。

3. 通过 kubectl 创建 Deployment。

创建所需的密钥 (Secret)

我们的大多数参数都是由密钥传递的，它们提供有关依赖性的信息。最后几个选项，JWT_AUDIENCE 和 JWT_ISSUER，提供了 portfolio 与 *stock-quote* 微服务之间的密钥。让我们继续创建 `jwt` 密钥，然后转向其他目标：

```
$ kubectl create secret generic jwt -n stock-trader \
--from-literal=audience=stock-trader \
--from-literal=issuer=http://stock-trader.ibm.com
secret "jwt" created
```

接下来，我们为数据库创建密钥。在这里，我们使用最初用于为 Db2 创建 Helm 版本的值。如果你使用了不同的值，请更新以下命令以满足选择：

```
$ kubectl create secret generic db2 \
  --namespace=stock-trader \
  --from-literal=id=db2inst1 \
  --from-literal=pwd=ThisIsMyPassword \
  --from-literal=host=stocktrade-ibm-db2oltp-dev \
  --from-literal=port=50000 \
  --from-literal=db=STRADER
secret "db2" created
```

构建镜像并推送到镜像仓库

创建密钥后，我们现在可以构建 Java Web 应用程序和 Docker 镜像了。

```
cd portfolio
mvn package
docker build -t portfolio:latest .
```

注意 要构建程序包，有三个前提条件：Java、Maven 和 Docker。有关如何配置开发环境的信息，请参阅附录 **B**。

现在我们已经构建了镜像，我们需要将它发布到集群中可以访问它的位置上。就像 Db2 在镜像仓库中作为镜像一样可用时，我们将为 portfolio 微服务做同样的事情。

Docker 镜像标签被命名为引用。我们可以为镜像创建多个名称，镜像名称还可以通过在名称中包含仓库的 hostname 来引用仓库。

对于示例，我们将镜像打了标签并推送到 IBM Cloud Container Registry，以及我们内置的本地集群镜像仓库中。以下几节将介绍这两个步骤。

推送到内置的 IBM Cloud Private 集群镜像仓库

要将镜像推送到内置 IBM Cloud Private 集群的仓库，请执行以下操作：

```
$ docker login mycluster.icp:8500
Username (admin):
Password:
Login Succeeded

$ docker tag portfolio:latest  mycluster.
  icp:8500/stock-trader/
  portfolio:latest
$ docker push mycluster.icp:8500/stock-trader/
  portfolio:latest
```

在使用集群外部的任何远程镜像仓库时，请确保创建了适当的镜像拉取密钥。 在 IBM Cloud Private 中，命名空间可以自动访问推送到该命名空间的镜像仓库中的镜像（例如，`mycluster.icp:8500/stock-trader` 仓库中的镜像在 `stock-trader` 命名空间中将自动被仓库中的 Pod 拉取）。

推送到 IBM Cloud Container Registry

对于 IBM Cloud Container Registry，它具有相同的进程，但具有不同的名称：

```
$ ibmcloud cr login

Logging in to 'registry.ng.bluemix.net'...
Logged in to 'registry.ng.bluemix.net'.

OK

$ docker tag portfolio:latest \
   registry.ng.bluemix.net/mdelder/portfolio:latest

$ docker push registry.ng.bluemix.net/mdelder/
  portfolio:latest
```

如果你使用具有远程 IBM Cloud Container Registry 的本地 Kubernetes 集群，则可以创建 token 来管理镜像。使用 token 有助于避免将你自己的凭证存储为密钥。此外，使用 token 还具有创建只读 token 的优势，如果受到攻击，则不允许任何人篡改镜像仓库中的镜像：

```
$ ibmcloud cr token-add --description \
"Image Pull Token for localKubernetescluster"


Requesting a registry token...
Token identifier  3619bb24-9a5d-5976-
9cb8-2e9ca6d700bf
Token [OBSCURED]
OK


$ kubectl create secret docker-registry
```

```
ibm-cloud-registry\
  --docker-username=token \
  --docker-password=$(ibmcloud cr token-get -q
    3619bb24-9a5d-\
  5976-9cb8-2e9ca6d700bf)  \
  --docker-email=youremail@mailserver.com \
  --namespace=stock-trader
secret "ibm-cloud-registry"created
```

为 Portfolio 微服务部署清单

既然该镜像可用于集群，让我们执行以下命令，以创建 Deployment：

```
$ cd portfolio/manifests
$ kubectl apply --namespace=stock-trader -f deploy.yaml
deployment.extensions "portfolio" created
service "portfolio-service" created
ingress.extensions "portfolio-ingress" created
```

通过查看日志来验证 Deployment 是否正确（可以直接通过其标签识别 Pod，其中将随机标识符作为后缀）：

```
$ kubectl logs --namespace=stock-trader \
  --selector="app=portfolio,solution=stock-trader"

…
 [INFO    ] SRVE0169I: Loading Web Module: Portfolio.
 [INFO    ] SRVE0250I: Web Module Portfolio has been
bound to
 default_host.
 [INFO    ] SESN0172I: The session manager is using the
Java
```

```
default SecureRandom
implementation for session ID generation.
[INFO    ] SESN0176I: A new session context will be
created
for application key
default_host/portfolio
[AUDIT   ] CWWKT0016I: Web application available
(default_host): http://portfolio-
6b98585ff6-cx8sn:9080/portfolio/
```

或者只需要使用 kubectl get deployments 命令检查部署状态：

```
$ kubectl get deployments \
  --namespace=stock-trader \
  --selector="app=portfolio,solution=stock-trader" \
  -o wide

NAME        DESIRED    CURRENT  UP-TO-DATE   AVAILABLE
AGE
CONTAINERS
IMAGES                                           SELECTOR
portfolio 1    1    1        1    6h
portfolio
mycluster.icp:8500/stock-trader/portfolio:latest     \
app=portfolio,
solution=stock-trader
```

部署 Trader 微服务前端页面

现在让我们为我们的 portfolio 微服务部署一个 Web 前端，它将允许我们验证基本的行为。

在这个例子中，我们不会构建镜像；相反，我们只需应用一个部署清单，该清单引用了已在 DockerHub 上预构建的镜像。

trader 的 deploy.yaml 文件包含了 Deployment、Ingress 和 Service 的资源。我们已经讨论了部署，现在让我们仔细看看 Ingress 和 Service：

```
$ git clone
https://github.com/kubernetes-in-the-enterprise/trade
r.git
$ kubectl apply --namespace=stock-trader
-f trader/manifests/deploy.yaml
```

现在我们可以使用两个入口访问 Web 前端。

Ingress 规则

在集群上配置 Web 上下文的根目录，该根目录由后端的服务支持。Kubernetes 为我们做了很多工作来实现这一流程。Ingress 规则可以指定注释以帮助配置 TLS 证书或自定义会话关联等行为。在后台，Kubernetes 服务在 Pod 前面提供了一个集群内的负载均衡器，这个 Pod 则可以在网络端口上公开服务。这个结果是一个强大的抽象，很容易在 YAML 中描述：

```
apiVersion: extensions/v1beta1
kind: Ingress
metadata:
 name: trader-ingress
 annotations:
    kubernetes.io/ingress.class: "nginx"
    ingress.kubernetes.io/affinity: "cookie"
    ingress.kubernetes.io/session-cookie-name: "route"
    ingress.kubernetes.io/session-cookie-hash: "sha1"
```

```
    ingress.kubernetes.io/secure-backends: "true"
    ingress.kubernetes.io/app-root: "/trader"
spec:
 rules:
 - http:
     paths:
     -   path: /trader
       backend:
         serviceName: trader-service
         servicePort: 9443
```

你的 Ingress 路由将可以在 IBM Cloud Private 的 https://**[master-ip]**/trader 这个地址被访问。

以下是对上面这段代码的解释。

annotations

这些是 Ingress Controller 在 nginx 中为此特定的 Web 上下文（“/trader”）定义各种配置时使用的特定行为，**GitHub** 上提供了许多 annotation 可供访问。

rules

规则（rules）定义了一组路由、适当的协议（HTTP/HTTPS），以及满足传入请求的服务名称。

serviceName

命名空间（serviceName）中可用的服务名称，它将在收到传入请求时做出反应。

Service

回想一下，我们之前讨论过服务（Service），并且已知集群支持不同类型的服务。Trader 服务使用 NodePort 的方式对外暴露，这意味着可以从集群外部访问它。可参考以下的 YAML 文件：

```
apiVersion: v1
kind: Service
metadata:
 name: trader-service
 labels:
   app: trader
spec:
 type: NodePort
 ports:
   - name: http
     protocol: TCP
     port: 9080
     targetPort: 9080
     nodePort: 32388
   - name: https
     protocol: TCP
     port: 9443
     targetPort: 9443
     nodePort: 32389
 selector:
   app: trader
```

你的 NodePort 服务能够在 https://[master-ip]:32389/trader 上获得。

type

有各种类型（type）的服务，包括 ClusterIP（仅在集群中暴露的所有流量），NodePort（分配给 Pod 的外部端口启用传入请求）和 LoadBalancer（使用相关配置来更新外部负载均衡器以访问 Pod）。

port

端口（port）指定了用户使用的端口（`targetPort`）与容器内暴露的端口（port）之间的映射，`NodePort` 是在主机上为外部请求启用的请求端口。

将 MQ Series Manager 部署为容器化的 StatefulSet

MQ Series 可以为许多企业大规模地处理分布式消息传递。在这里，我们将使用 MQ 作为 Kubernetes StatefulSet。就像 Db2 一样，PersistentVolume 将存储 MQ 主题和队列的信息，确保在发生故障时，我们的消息传递服务能够及时恢复。我们使用 Helm 通过执行以下命令来安装 MQ Series：

```
    $ helm install --name appmsg
ibm-charts/ibm-mqadvanced-server\
    -dev --tls
      --set license=accept \
      --set persistence.enabled=true \
      --set persistence.useDynamicProvisioning=true \
```

```
        --set dataPVC.storageClassName=glusterfs \
        --set queueManager.name=STQMGR \
        --set
queueManager.dev.adminPassword=ThisIsMyPassword \
        --set queueManager.dev.appPassword=ThisIsMyPassword
\
        --set nameOverride=stmq
```

注意 如果在 IBM Cloud Kubernetes Service 上进行部署，请考虑使用 ibmc-block-gold 存储类型。

接下来，我们定义初始消息队列，该队列提供了有关用户 loyalty 状态变化的消息。

```
      $ kubectl exec -it appmsg-stmq-0 /bin/bash
      $ runmqsc
      DEFINE QLOCAL (NotificationQ)
      SET AUTHREC PROFILE('NotificationQ') OBJTYPE(QUEUE)
PRINCIPAL\
       ('app')
      AUTHADD(PUT,GET,INQ,BROWSE)
      end
```

在我们确定了消息传递服务之后，我们要为我们的微服务创建一个配置连接的密钥 (Secret)。请注意在安装 Helm chart 期间，密码（pwd）和队列管理器（STQMGR）的引用必须与前面示例中指定的值相匹配。

```
      $ kubectl create secret generic mq \
        --from-literal=id=app \
        --from-literal=pwd=ThisIsMyPassword \
        --from-literal=host=appmsg-stmq \
        --from-literal=port=1414 \
        --from-literal=channel=DEV.APP.SVRCONN \
```

```
--from-literal=queue-manager=STQMGR \
--from-literal=queue=NotificationQ
```

为 Portfolio 微服务部署支持服务

我们的 portfolio 微服务依赖于两种后端服务。

stock-quote

返回当前股票代码的美元（USD）值。

loyalty

根据管理 portfolio 价值，返回达到的 loyalty 状态级别。

对于这些服务中的每一项，我们将使用 DockerHub 上的公共的镜像来部署它们。

部署 stock-quote 微服务

首先复制 stock-quote 的 Git 代码仓库。对于 Docker 镜像的构建和推送，从公共 DockerHub 镜像仓库来部署镜像。当然，你始终可以在本地构建镜像，并将其推送到你自己的私有仓库中，得到相同的结果。我们使用以下 Git clone 命令复制 stock-quote：

```
$ git clone
https://github.com/kubernetes-in-the-enterprise/stock
-quote.git
```

manifests/deploy.yaml 资源描述了 stock-quote 的 Kubernetes 部署：

```
apiVersion: extensions/v1beta1
kind: Deployment
metadata:
  name: stock-quote
# namespace: stock-trader
spec:
  replicas: 1
  template:
    metadata:
      labels:
        app: stock-quote
        solution: stock-trader
    spec:
      containers:
      - name: stock-quote
        image: ibmstocktrader/stock-quote:latest #
        DockerHub
        env:
          - name: REDIS_URL
            valueFrom:
              secretKeyRef:
                name: redis
                key: url
                optional: true
          - name: JWT_AUDIENCE
            valueFrom:
              secretKeyRef:
                name: jwt
                key: audience
          - name: JWT_ISSUER
            valueFrom:
```

```
              secretKeyRef:
                name: jwt
                key: issuer
        ports:
          - containerPort: 9080
          - containerPort: 9443
         imagePullPolicy: Always
```

与 portfolio 一样，stock-quote 服务也为传入的网络流量提供了两个选择。该服务为内部和外部用户公开流量，如下所示：

```
apiVersion: v1
kind: Service
metadata:
 name: stock-quote-service
# namespace: stock-trader
 labels:
   app: stock-quote
spec:
 type: NodePort
 ports:
   - name: http
     protocol: TCP
     port: 9080
     targetPort: 9080
   - name: https
     protocol: TCP
     port: 9443
     targetPort: 9443
 selector:
   app: stock-quote
```

Ingress 在集群入口管理控制器上提供了一个路由。以下是 Ingress 的 YAML 模板文件：

```
apiVersion: extensions/v1beta1
kind: Ingress
metadata:
 name: stock-quote-ingress
spec:
 rules:
 - http:
     paths:
     - path: /stock-quote/.*
       backend:
         serviceName: stock-quote-service
         servicePort: 9080
```

我们使用以下 kubectl 命令部署 stock-quote，就像在 portfolio 中的一样：

```
$ cd stock-quote/manifests
$ kubectl apply -f deploy.yaml --namespace=stock-trader
deployment.extensions "stock-quote" created
service "stock-quote-service" created
ingress.extensions "stock-quote-ingress" created
```

确保正如从命令输出中看到的，我们已经从单个文件中创建了几个 Kubernetes 资源。在 stock-trader 命名空间中部署了 stock-quote 微服务，否则 portfolio 将无法通过 stock-quote-service 找到它。

部署 loyalty 微服务

部署 loyalty 微服务，应遵循与 stock-quote 相同的架构模式和命令：

```
$ git clone
```

```
https://github.com/kubernetes-in-the-enterprise/
loyalty-level.git
$ cd loyalty-level/manifests
$ kubectl apply -f deploy.yaml --namespace=stock-trader
deployment.extensions "loyalty-level" created
service "loyalty-level-service" created
ingress.extensions "loyalty-level-ingress" created
```

与以前一样，我们已经创建了几个 Kubernetes 资源，包括一个管理 Pod 的 Deployment，以及两个用于传入网络流量的选项。

整合：访问完整配置的应用程序

我们现在已经为应用程序部署了所有组件，可以在表 4-1 中看到这些组件。

表 4-1 Portfolio 应用程序的微服务和支持中间件

name	namespace	Kubernetes Description	resources
portfolio	stock-trader	1.Deployment 2.Service 3.Ingress Rule	基于 Java 的微服务，为我们创建、更新和删除 stock portfolio 提供业务逻辑的核心
db2	stock-trader	Secret	提供访问 Db2 数据库的凭证
mq	stock-trader	Secret	为微服务提供凭证，以便通过 IBM MQ 容器发送和接收消息
jwt	stock-trader	Secret	提供的 Java 微服务之间共享的凭证，用于生成和共享 **JSON Web Token (JWT) authorization tokens**(https://en.wikipedia.org/wiki/JSON_Web_Token)
dockerhub	stock- trader-data	Secret (Image Pull Secret)	一个镜像拉取密钥，允许集群访问我们有效订阅的 DockerHub 上的镜像

续表

name	namespace	Kubernetes Description	resources
stocktrade-ibm-db2oltp-dev	stock-trader-data	1.StatefulSet 2.Service 3.Secret	基于 Helm chart 的企业数据库部署
stocktrade-ibm-db2oltp-dev	stock- trader	Service	一个 ExternalName 服务，使 stock-trader 命名空间中的 portfolio 微服务能够在 stock-quote-data 命名空间中找到 Db2 数据库
trader	stock-trader	1.Deployment 2.Service 3.Ingress rule	基于 Java 的微服务，为用户访问应用程序提供 Web 前端
appmsg-stmq	stock-trader	1.StatefulSet 2.Service 3.Secret	基于 Helm chart 的 IBM MQ 部署，由微服务用于消息驱动的 API 和通知
stock-quote	stock-trader	1.Deployment 2.Service 3.Ingress Rule	基于 Java 的微服务，提供股票代码查找服务
loyalty-level	stock-trader	1.Deployment 2.Service 3.Ingress Rule	基于 Java 的微服务，根据用户 portfolio 的总价值为给定用户提供 loyalty 级别服务

在部署 trader 微服务时，我们暴露了 Ingress 和 NodePort 类型的服务。让我们从其中一个端点打开 Web UI。为方便起见，以下是默认情况下公开的端点：

- 你的 Ingress 路由将在 IBM Cloud Private 的 https://[master-ip]/trader 提供。如果你定义了域名，则可以使用该域名，而不是 IP。默认主机名为 mycluster.icp。
- 你的 NodePort 服务可以通过 https://[master-ip]:32388/trader 获得。

图 4-2 描述了 IBM Stock Trader 应用程序的用户登录页面。默认用户名和密码如下。

- 用户名：stock。
- 密码：trader。

图 4-2　IBM Stock Trader 应用程序登录页面

使用新应用程序，你可以创建、更新和删除 portfolio。当你与 trader 的 Web 页面进行交互时，会对 portfolio 进行 API 调用，而 portfolio 又与它的 Db2 数据库的 StatefulSet、MQ mesaging StatefulSet，以及 loyalty 和 stock-quote 微服务进行交互。图 4-3 中创建了三个 portfolio 示例。在创建这些 portfolio 时，将从 stock-quote 到 portfolio 执行 API 调用。反过来，portfolio 将更新数据库以保存更新。每个 portfolio 的总价值也是根据 API 调用 stock-quote 服务的结果计算得出的。

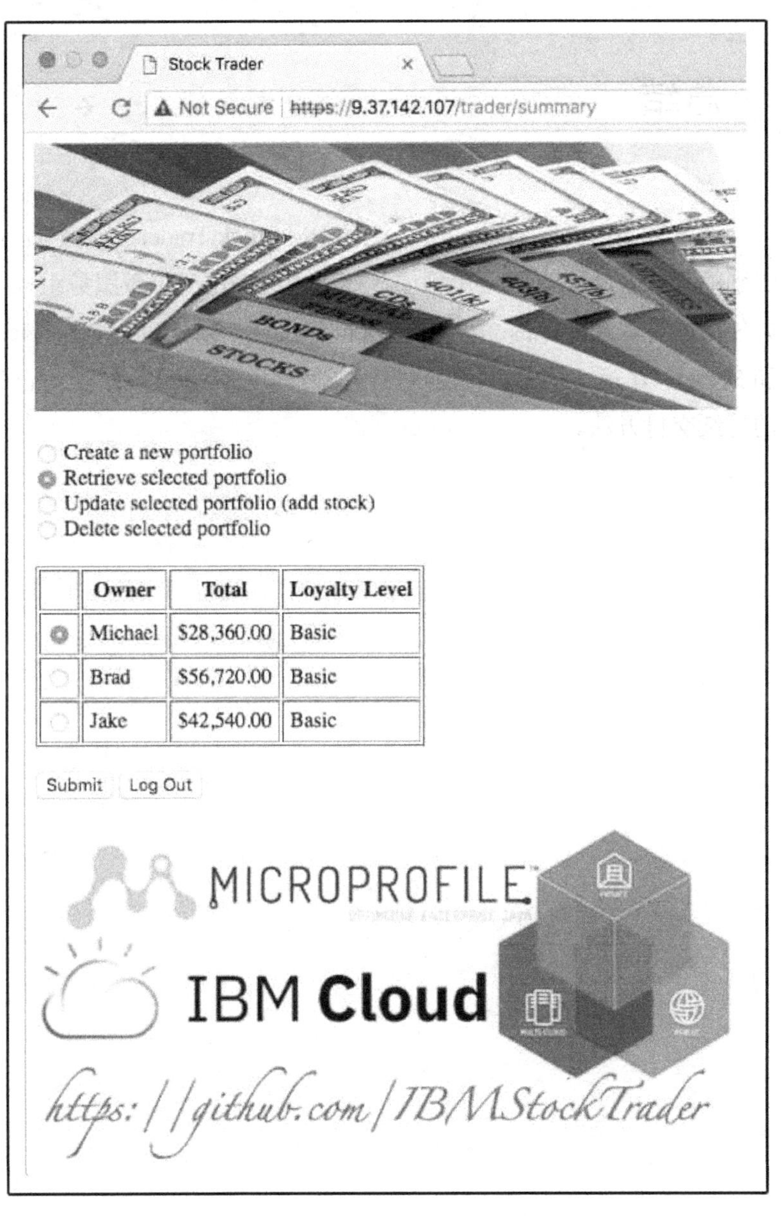

图 4-3 IBM Stock Trader 应用程序 portfolio 的摘要页面

总结

在本章中，我们部署了一个名为 IBM Stock Trader 的生产质量级别的企业 Kubernetes 应用程序，该应用程序由多个微服务组成，并使用许多 Kubernetes 资源，如 Deployment、StatefulSet、Service 和 Secret。在第 5 章中，我们将探讨如何利用 Kubernetes 应用程序的持续交付方法。

第5章
持续交付

本书大致是围绕持续交付和 DevOps 展开的，为此我们并不需要反复重申持续交付是多么重要。受章节所限，我们一起回顾一下容器镜像和 Kubernetes 是如何支持以下 DevOps 原则的。

小规模变更

所有变更都应该是循序渐进并且有明确范围限定的。一旦发生错误，与那些具有颠覆性的大批量变更相比，较小规模的变更更容易恢复。

版本管控所有事物对象

针对所有变更溯源，可以帮助我们更好地理解具体改变了哪些，并针对代码库或配置项的回归找出问题所在。

构建仿真生产环境

开发者应该能够访问到能真正代表生产系统的环境和工具。通常来说，生产环境比开发或测试环境有更大的规模、更复杂的配置。而这些区别就意味着许多功能需求在早期阶段一切正常，但在生产环境却面临挑战——因此环境的一致性非常重要。

提前进行运维操作测试

在整个开发流程的早期阶段，我们就应该尽早开展测试（Shift-left testing），而在传统做法中，通常把应用健康管理、日志收集、变更管理等运维操作行为定义为后期阶段。

持续集成变更

所有的变更都应该在统一的基础上进行持续集成部署，以确保大量混杂的变更不会导致各种不可预见的错误或是应用程序编程接口（API）的不兼容。

高度自动化、有持续反馈的测试机制

为加快整体交付速度，你需要将测试和验证工作自动化，真正做到 Always Be Testing（ABT）。

构建镜像

容器是非常理想的最小交付单元，因为它能够将应用、中间件、操作系统等各方面内容打包到一起。你可以通过多种方式构建容器镜像，而最流行的方法就是通过 Dockerfile 来完成的。Dockerfile 描述了打包一个镜像所需的所有相关细节，直到转换为图像构建，这些指令仍旧支持纯文本，在 Kubernetes 源代码控制存储库（如 Git）中，管理声明性资源。

在第 4 章中，我们使用 Dockerfile 作为指令构建了一个容器镜像。现在让我们对 Dockerfile 做进一步解析：

```
FROM openliberty/open-liberty:microProfile1


RUN groupadd -g 999 adminusr && \
  useradd -r -u 999 -g adminusr adminusr
RUN chown adminusr:adminusr -R /opt/ol /logs /config
USER 999

COPY --chown=adminusr db2jcc4.jar /config/db2jcc4.jar
ADD --chown=adminusr \
  http://repo1.maven.org/maven2/com/ibm/mq/wmq.
  jmsra/9.1.0.0/wmq.
  jmsra-9.1.0.0.rar /config/wmq.jmsra.rar
COPY --chown=adminusr key.jks /config/resources/
security/key.jks
COPY --chown=adminusr keystore.xml /config/
configDropins/
defaults/keystore.xml
COPY --chown=adminusr server.xml /config/server.xml
```

```
    COPY --chown=adminusr target/portfolio-1.0-SNAPSHOT.
war /config/ apps/Portfolio.war
```

FROM 语句

FROM 语句用于声明构建当前容器的基础镜像。通常来说，基础镜像是在应用程序运行时（比如 openliberty/open-liberty:microProfile1，或 node:latest），或者是操作系统（比如 ubuntu:16.04, rhel:7，或 alpine:latest）构建。

RUN 语句

RUN 语句用于执行命令，并把对应的结果保存在文件系统中，以作为容器中的一个新的镜像层（layer)。为了优化构建时间，建议把那些需要更频繁的调整镜像内容的语句（比如添加应用程序的二进制文件）移动到文件的末尾。

USER 语句

USER 语句用于指定在操作系统中以哪个用户身份启动容器。以非 root 身份运行被认为是构建容器的最佳实践。每当为 Kubernetes 指定一个用户账户的时候，我们建议使用 UID（操作系统内账户所对应的数字 ID），并通过 groupadd/user-add 命令创建该账户的别名（或是其他操作系统的对应命令）。

COPY 和 ADD 语句

这两种语句用于把文件从本地工作目录复制到容器的文件系统中。COPY 通常是默认选择；而在需要通过 URL 地址直接拉取的时候，ADD 会非常有用，因为这无法通过 COPY 实现。

Dockerfile 中的每一行都会创建一个独立的镜像层，如果其没有导致镜像内容的变化，则将会在之后的镜像构建中复用。在持续集成构建的场景下，镜像层的复用机制使整个过程变得非常高效。

如第 4 章所述，我们可以按照如下写法构建容器镜像：

```
$ docker build -t repository:tag
```

语句中最后的半角英文句号代表当前目录。Docker 运行时在构建镜像层的时候会引用目录中的所有文件。我们可以通过添加.dockerignore 文件来指定该目录下哪些文件需要被引用，而哪些是例外。.dockerignore 文件通过约定的规则来决定哪些文件将被忽略（默认情况），以及哪些文件需要被包含进来（在行首添加感叹号“!”）。

Kubernetes 的可编程性

Kubernetes 对象都是声明式的，这使它们称为源代码控制的理想对象，因此可以通过代码管理系统很方便地追溯到所有变更历史和相关联的人员操作记录。

我们可以通过 kubectl apply 命令向集群推送变更。大多数资源类型都能很容易地支持滚动更新或不间断更新，但也有例外，比如 DaemonSet 对象。该命令支持处理整个目录而不是在单个对象上逐个停留：

```
$ kubectl apply -Rf manifests/
```

在这段语句中，我们使用 -R 开关来递归处理 manifests/目录下的所有文件。

Kubernetes 使我们更容易地在开发、测试、生产环境中创建行为一致的集群。一致性意味着开发和测试人员可以在研发阶段的早期就在仿真环境中进行操作。除此之外，开发和测试人员还能很容易地通过 Helm chart 来部署数据库、消息队列、缓存等应用支持系统。

典型变更流程

只有变化是永恒的。有很多现成的工具都能为你的**持续交付**(https://ibm.co/ 2N3R49v) 之旅提供便利。以下所列步骤作为一个典型变更流程，供读者参考。

1. 注册一个 Git post-commit 钩子，使所有向代码库中提交的更新都能触发一次构建操作。

2. 构建该 Git 仓库所对应的容器镜像，并将其发布到一个镜像仓库中。

3. 构建服务将创建一个 Kubernetes 集群，在集群中创建一个 Kubernetes 命名空间，或基于清单文件中的约定，复用一个现成的集群或命名空间。

4. （可选）此次构建可以打包成一个 Helm chart，并推送至一个 Helm 库，在此基础上基于先前发布的镜像引用来进行部署操作。

5. 在新部署的系统上执行自动测试，确保代码和对应的配置文件的变更，是否引入了新的错误。

6. （可选）在流水线的下一阶段执行自动化的滚动更新，在生产环境中验证此次发布变更是否符合预期。

如需了解更多使用自动化工具进行持续交付的信息，**IBM Garage Method** (https://www.ibm.com/cloud/garage/) 网站包含了许多课程，例如**“在 IBM Cloud Private 的 Kubernetes 集群中使用 Jenkins 作持续集成交付”** (https://ibm.co/2R46BZS) 就深入浅出地将前文所述步骤做了详细指引。当你对持续交付饱含自信之时，下一步将围绕在企业级应用运维的话题上开展论述。在第 6 章中，我们将对若干主流工具作全局介绍，它们有利于在 Kubernetes 集群中的企业级应用降低运维复杂度。

第 6 章
企业级应用的运维

在本章中，我们概述了几个对运维企业应用程序至关重要的关键工具。我们首先讨论了 logstash 和 Fluentd，它们是两种流行的企业级工具，其作用是为分布在集群中的微服务执行集中式日志收集。然后，我们会介绍 Elasticsearch，它是一个日志存储库，具有信息发现和分析的高级功能。接下来，我们将介绍 Kibana，它是一个基于仪表盘的日志可视化工具。通过概述了 IBM Cloud Kubernetes Service 和 IBM Cloud Private 提供的日志收集支持，我们完成了对日志收集工具的讨论。在本章的第二部分，我们将介绍用于监控企业应用程序的健康管理工具。我们在本章结束时将介绍 IBM Cloud Kubernetes Service 和 IBM Cloud Private 提供的监控功能。

微服务的日志收集和分析

日志是通用的调试器，当所有的其他方法都失败时，那么就需要检查日志，并希望开发人员能注意其代码的可维护性。

严格来讲，日志记录是任何基于 Kubernetes 的应用程序的操作和服务的关键组件。与传统的单体应用程序不同，开发人员和运营商需要集中式日志记录解决方案，该解决方案将聚合来自其分布式应用程序的日志，以防止使用 kubectl logs -f -tail=1000 mypodname 追踪数十或数百个 Pod。

使用微服务，你可以将核心功能分解为更小的构建模块，这意味着你记录的信息将更加分散，从容器化平台收集日志有几种常见的模式。

首先，你需要一种从容器中收集日志信息的方法，我们来看看一些可以帮助你解决此问题的工具。

logstash

logstash 是一个非常完善的日志聚合器，具有收集日志、解析等功能，然后转换它们以能够满足你的标准。

Fluentd

Fluentd 是一个开源数据收集器，它在不同类型的日志输入和输出之间提供了独立和统一的层。Fluentd 最近为云原生计算基金会（CNCF）做出了贡献。尽管 Fluentd 比 logstash 更年轻，但它与 CNCF 的结盟已经有利于推动其日益普及。

这两个选项都提供了一种强大的方法来从多个源（从容器到节点）收集日志，然后将它们发送到可搜索的数据存储区。

聚合日志后，你需要一个位置来存储它们以进行发现和分析。实际上，Elasticsearch 是收集、索引和提供纯文本或 JSON 日志输出的持续存储的标准。Elasticsearch 提供了几个关键功能，使其成为日志数据的绝佳选择。

基于 JSON 的查询语言，可通过 REST API 访问

你可以轻松地使用 Elasticsearch 中的信息进行发现和分析。通常，Elasticsearch 最终成为机器学习应用程序的一部分，因为它具有简单但功能强大的查询和更新模型。

日志保留策略控制

当问题发生时，你可能只需要保留一周的日志即可进行事后处理。在其他情况下，合规性或审计要求可能要求你将日志保留数月或数年。Elasticsearch 将自动清除与你的需求无关的数据。

将日志移动到持久化存储

使用 Elasticsearch，你可以将一部分日志数据保存在易于访问和搜索的位置，然后将旧日志移动到保存周期较长的存储中。

最后，既然已经收集了日志并存储了它们，那么就可以将它们可视化了。Kibana (https://www.elastic.co/guide/en/kibana/) 提供了一种灵活的方式，可以使用从表到图的各种小部件来可视化日志。Kibana 连接到 Elasticsearch，并创建 Indexer 模式，以便可以有效地访问数据。使用 Kibana 仪表盘，你可以执行以下操作。

发现系统中可用的数据

在 Kibana 仪表盘的 Discover 视图中，你可以访问你有权查看的系统中的所有信息。你还可以为日志信息定义表视图，并根据任何日志属性进行筛选。例如，你可以为 kubernetes.namespace 创建一个名为 stock-trader 的过滤器，查看 stock-trader 命名空间中所有 Pod 的日志输出。

创建可复用的小部件以可视化特定方面

也许你总是希望查看具有特定日志属性的表，或者想要一个关于 stock-trader 命名空间中包含单词“error”的日志的线形图。每个可视化都是一个可重复使用的小部件，你可以在一个或多个仪表盘中使用它。

创建仪表盘

仪表盘允许你将可视化收集到单个视图中。

创建时间表分析

你还可以使用 Kibana 从多个数据源进行时间序列分析。

IBM Cloud Kubernetes Service 日志分析支持

IBM Cloud Kubernetes Service 使用 Fluentd 和 IBM Cloud Log Analysis 服务来收集和分析日志。在此平台上，IBM Cloud 文

档 (http://bit.ly/2N3R75b) 中列出了许多日志记录配置选项。在这里，你将找到各种命令行选项，你可以使用这些选项配置非常详细的过滤机制。可用的常用选项包括过滤以仅显示错误日志，并将来自不同 Kubernetes 命名空间的日志发送到不同的日志记录租户。最简单的入门流程是通过 IBM Cloud Kubernetes Service 用户界面。只需要从集群概述页面选择“启用日志记录（enable logging）”，然后选择日志源和目标就可以开始使用基本日志记录配置，如图 6-1 所示。

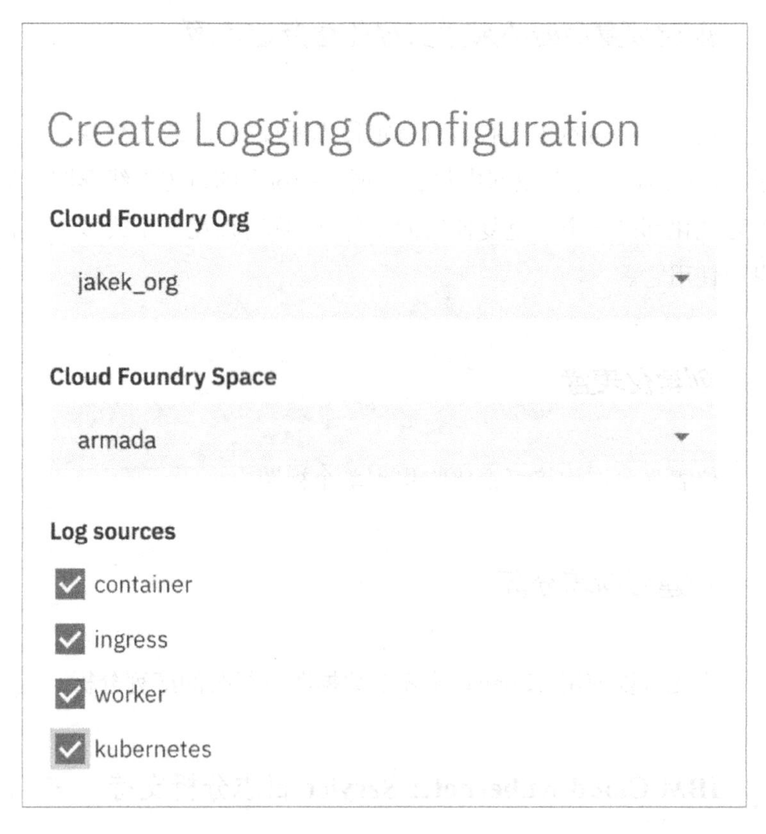

图 6-1　IBM Cloud Kubernetes 服务日志记录

除了容器、Ingress、worker 节点和 Kubernetes 基础设施的日志之外，还可通过事件导出器，**IBM Cloud Kubernetes Service**

Activity Tracker events (http://bit.ly/2N4seWR) 和 Kubernetes **audit logs** (http://bit.ly/2Oear4m)用于记录 Kubernets。图 6-2 提供了审计日志的 IBM Cloud Kubernetes 服务日志数据的示例。

图 6-2　Kubernetes 审核日志的 IBM Cloud Log Analysis 数据

IBM Cloud Private 日志分析支持

IBM Cloud Private 使用 Elasticsearch-Logstash-Kibana（ELK）来收集日志信息。你可以自定义这些组件是在 Installer 的 *config.yaml* 文件中安装，还是安装后从目录中添加它们。

如果在安装期间配置这些组件，或使用安装程序的插件操作更新集群，你将在左侧导航栏中看到对 Kibana 仪表盘的参考，如图 6-3 所示。

深入了解 Kibana 的全部功能超出了本书的范围，但若要进行学习，请尝试使用 Discover 视图根据 Kubernetes 命名空间过滤日志。图 6-4 说明了此视图过滤选项。

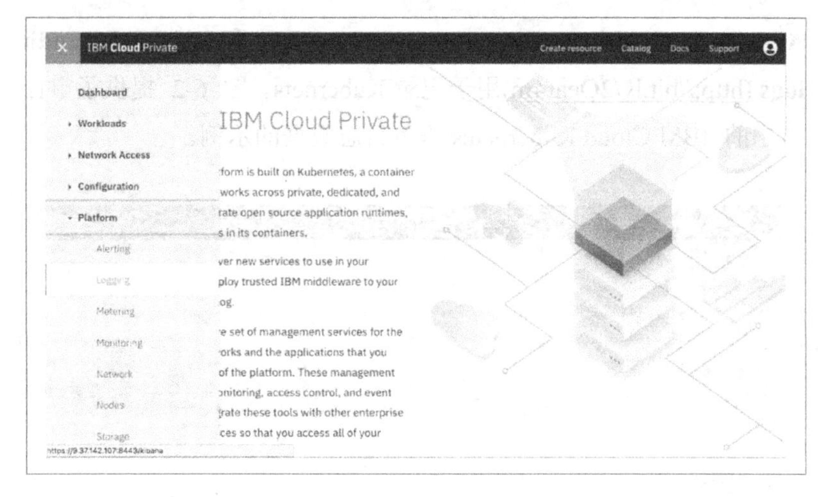

图 6-3　配置 IBM Cloud Private 中的日志记录

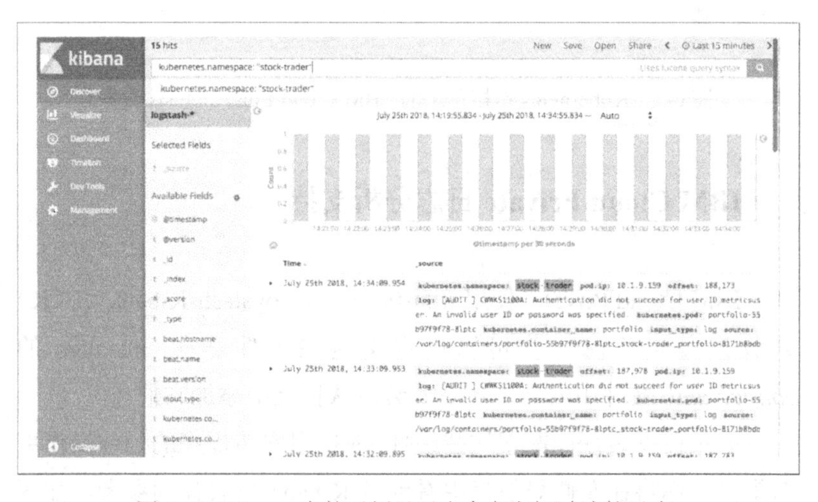

图 6-4　Kibana 中的示例显示由命名空间过滤的日志

微服务的健康管理

在部署了微服务之后，Kubernetes 接管了应用程序可靠性的大部分基本机制。但你并没有完全摆脱困境，管理你的应用程序仍然涉及管理其运行状况，调查事件期间出现的问题，执行事后分析或完成审计合规性等内容。

幸运的是，关于如何监控运行状况，定义告警及查看所有微服务中的日志已经集成为仪表盘的选项。现在，我们将介绍如何以两种模式的其中一个来使用这些管理服务：部署在你自己的集群上或作为公有云中的软件即服务（SaaS）产品的一部分使用。

Metrics 可帮助你了解应用程序的当前状态。有多种指标可以为你的应用程序提供一种方法，以便向观察者通知其健康状况。然后，你可以使用指标来发送告警或简单地在仪表盘上查看趋势。

Prometheus 是一个开源监控和告警工具，它是在 2016 年 5 月被捐献给了 CNCF。Prometheus 是 CNCF 较成熟的项目之一，并于 **2018 年 8 月升级为“毕业”状态**(http://bit.ly/2OU6miM)。它是与 Kubernetes 合作时监控的标准。Prometheus 使任何基于 Web 的应用程序都可以轻松公开额外的 endpoint，该 endpoint 使用简单的基于文本的格式返回应用程序的度量标准。

然后，Prometheus 将抓取 endpoint 以收集这些指标，并存储它们。对于 non-REST-centric 的工作负载（例如，数据库或消息传递应用程序），Prometheus 支持导出器，这些导出器可以收集信息，并以正确的格式提供信息。

Metrics 可以在给定的时间窗口内保存在内存中，也可以保存到持久化存储中。你应该考虑长期趋势的信息是否对你的需求有用。在许多情况下，内存中只保留了几个小时的窗口。

以下是 Prometheus 支持的**几种指标类型** (https://prometheus.io/docs/concepts/ metric_types/)。

Counter

Counter 是一个递增值，允许你跟踪某个事件发生的总次数。

示例可能包括应用程序服务的请求数，或者应用程序编程接口（API）创建的小部件总数。

Gauge

Gauge 提供可以上升或下降的随机读数。我们可以把仪表想象成温度计，温度读数可以上升或下降，之前的读数不会对当前读数产生直接影响。你可以使用仪表来跟踪系统正在处理的活动事务的数量和与你的应用程序相关的活动用户会话的总数。

Histogram

Histogram 允许你捕获与时间相关的信息，以直方图的形式呈现。Histogram 还可以声明多个 bucket 用于对观察到的数据进行分组。示例可能包括交易的持续时间，如股票交易。Histogram 有助于为你执行一些基本的繁重工作，例如计算观察值的总和或计算给定存储 bucket 中的数据点总数。

Summary

Summary 在功能上与 Histogram 类似，但 Summary 还可以在滑动时间窗口上自动计算分位数。测量分位数可用于对响应时间等指标进行分组（在 200 毫秒以内完成的响应数量为多少？50%？95%？）。

Kubernetes 提供丰富的可开箱即用的度量标准。

Node Exporter

(https://github.com/prometheus/node_exporter)

获取有关集群中节点的信息。将诸如 CPU 利用率、磁盘 I/O、网络行为和文件系统信息（nfs，xfs 等）等指标自动导出。

cAdvisor(https://github.com/google/cadvisor)

获取有关在节点上运行的容器的信息。将诸如容器 CPU 利用率、文件系统 I/O、网络行为和启动时间等指标自动导出。

Heapster(https://github.com/kubernetes/heapster)

抓取有关 Pod 和其他 Kubernetes 资源的特定指标。

你的微服务还可以发出 Prometheus Metrics 指标以提供特定于应用程序的详细信息。例如，我们的 *portfolio* 微服务可能会发出所请求和完成的交易数量的指标。我们通常可以通过观察 *portfolio trades* 等高级指标的趋势来判断整个系统是否健康。Netflix 使用每秒流启动（SPS）指标来判断端到端系统是否正常运行。团队很好地理解了视频流的启动速度，而且规范的差异往往表明存在问题，即使问题的根源不是服务本身。[1]

虽然以上内容超出了本书的范围，但在 Kubernetes 中为特定应用程序启用 Metrics 是我们为你强烈建议的一项较为简单的任务。

---

1 Ranjit Mavmkurve，Justin Becher, Ben Christensen Medium.com. “Improving Netflix’s Operational Visibility with Real-Time Insight Tools” (http://bit.ly/2QbZkfL), Medium.com.

IBM Cloud Kubernetes Service 监控功能

IBM Cloud Kubernetes Service 中的监控功能通过 IBM Cloud Monitoring 进行处理。你可以从集群概述页面找到指向 IBM Cloud Kubernetes Service 的监控仪表盘的链接。这将引导你进入 Grafana 仪表盘，该仪表盘中包含基本的集群监控信息，如图 6-5 所示。

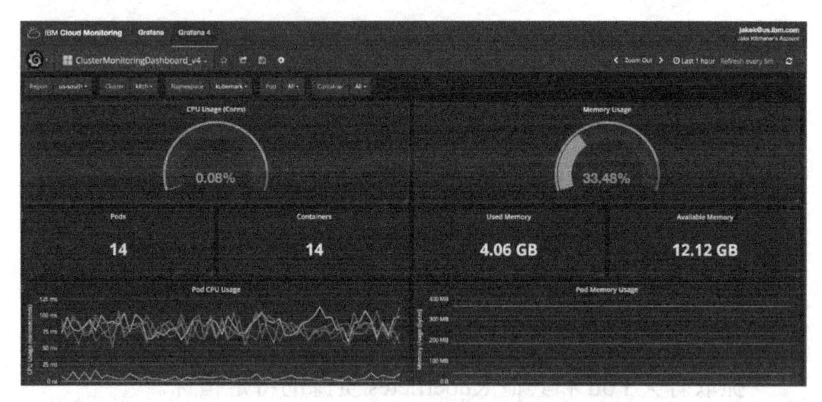

图 6-5　IBM Cloud Monitoring 的数据通过自定义 Fluentd 插件（cAdvisor）收集，无须其他配置或代理

IBM Cloud Private 监控功能

IBM Cloud Private 包括一个内置的 Prometheus，用于从平台和工作负载中收集指标，还包括一个内置的 Grafana，用于在易于使用的仪表盘中显示这些 Metrics。

在 Web 控制台中，你可以启动 Grafana 以查看、添加或修改仪表盘，以满足你的需求。如图 6-6 所示，你只需要从 Platform 菜单中选择 Monitoring 选项即可启动监控仪表盘。

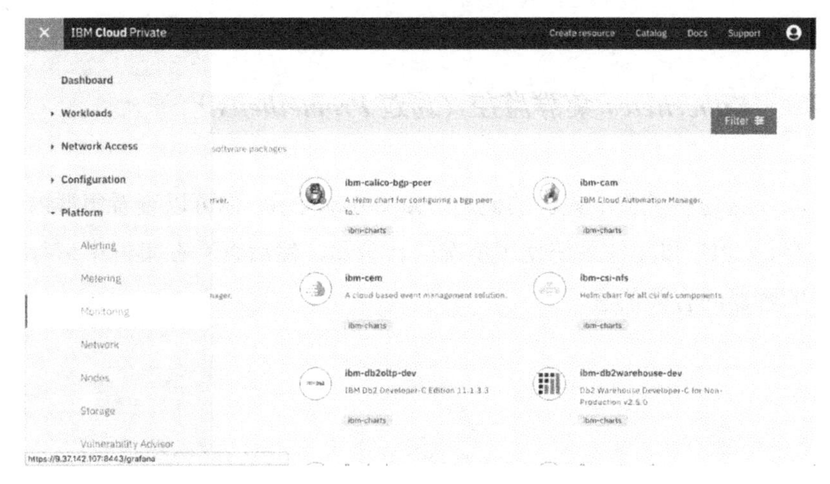

图 6-6　单击“监控”选项可打开监控仪表盘

这几个仪表盘是开箱即用的。你始终可以浏览 Prometheus (https://grafana.com/ dashboards?dataSource=prometheus) 提供的仪表盘，并添加你自己的仪表盘。图 6-7 演示了 IBM Cloud Private 中可用的仪表盘。你可以创建其他仪表盘以满足你的需求，或从社区网站导入仪表盘，并根据需要进行自定义。

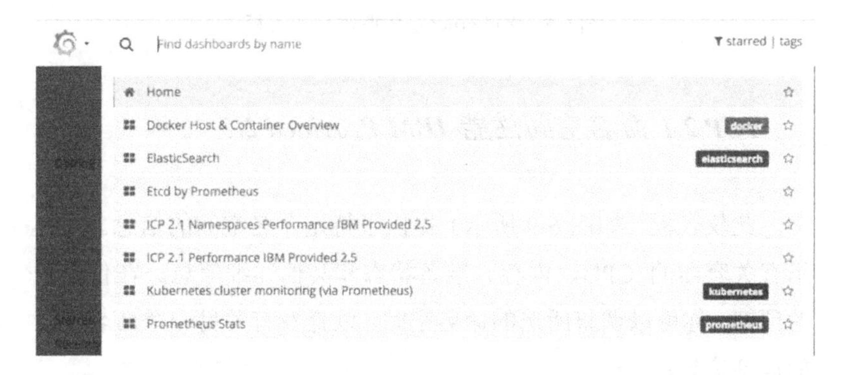

图 6-7　IBM Cloud Private 2.1.0.3 中可用的仪表盘

让我们重点介绍其中两个仪表盘。

Kubernetes 集群监控（通过 Prometheus）

这提供了整个集群的概述。如图 6-8 所示，你可以查看集群内存、CPU 和文件系统使用情况的计量器，然后查看在集群中运行的容器的有关信息。

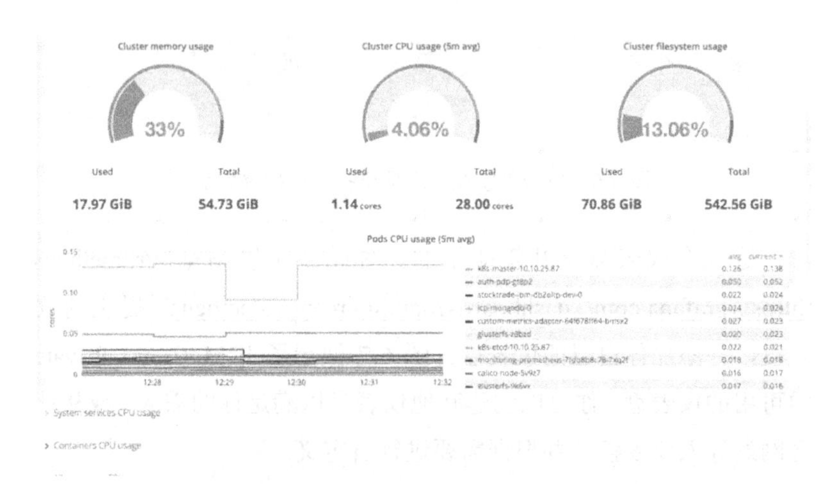

图 6-8　Kubernetes 集群监控仪表板

ICP 2.1 命名空间性能 IBM Provided 2.5

此仪表板（如图 6-9 所示）提供了特定命名空间的信息。它显示有关容器的 CPU、内存、准备状态和其他详细信息。在仪表板的顶部，你可以调整所选的命名空间，以查看有关另一个命名空间的详细信息。

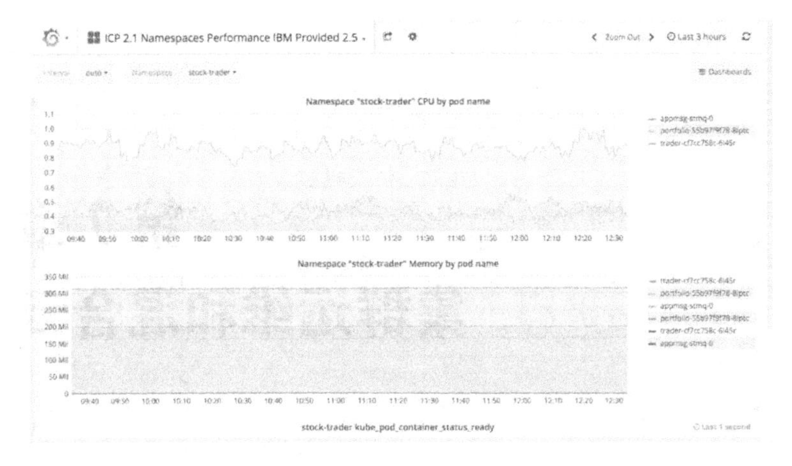

图 6-9　IBM Cloud Private 提供的命名空间性能仪表板

总结

在本章中，我们介绍了几个对运维企业应用程序至关重要的关键工具。我们首先讨论了流行的工具选项，这些工具选项用于日志集中收集、分析和可视化在集群中运行的微服务生成的数据。我们还简单概述了 Prometheus，它用于执行监控和为 Kubernetes 应用程序提供警报信息的标准工具。本章还讨论了如何从 IBM Cloud Kubernetes Service 和 IBM Cloud Private 中使用这些基于操作的工具。在第 7 章中，我们将讨论在混合云环境中运行时需要解决的集群操作问题和有关注意事项。

第 7 章 集群运维和混合云

云运营商在管理 Kubernetes 集群时，必须考虑几个关键因素。另外，云运营商在开始支持混合云环境时会遇到更多复杂的问题。在本章中，首先简要地介绍混合云及采用基于 Kubernetes 的混合云环境的常见动机。然后，我们将更深入地介绍 Kubernetes 集群的几个关键操作方面，包括访问控制、性能注意事项、网络、存储、日志记录和度量标准集成。对于这些操作主题，我们讨论它们迁移到混合云环境时必须解决的问题。

混合云概述

什么是混合云？混合云通常指的是使用跨越本地数据中心和公有云的组合云平台的任何组织。在本书中，我们将一直研究 IBM Cloud Kubernetes Service（公有云 Kubernetes 即服务产品）和 IBM Cloud Private（可部署到本地数据中心的软件解决方案）的组合。

随着企业从本地数据中心向公有云过渡，开发和运维团队将面临许多挑战。虽然 Kubernetes 本身能够帮助解决这些团队可能遇到的许多问题，但仍然面临一些混合云环境独有的复杂性挑战。

混合云环境非常适合正在从私有云部署到公有云过渡的公司。许多组织最初使用公有云环境来解决其开发需求、域名合规性和数据驻留等问题。随着时间的推移，大多数团队已经习惯于公有云的操作简单和成本低的特性，并且开始迁移到其他组件，例如它们的无状态应用程序和其他关联服务。在本章中，我们概述了企业环境中通常遇到的各种集群操作和混合云相关的问题。

访问控制

访问控制由如何对 Kubernetes 的用户进行身份验证和授权相关的概念和功能组成。有许多操作是由于混合模式的加入所需要考虑的因素。以下部分描述了身份验证和授权操作及其在混合模式中的注意事项。

认证

用户和运营商将为 Kubernetes 提供各种各样的身份验证解决方案。在混合云环境的不同部分，可以同时使用多种身份验证方法。

客户证书

X.509 客户端证书是安全套接层（SSL）证书。该证书的通用名称用于标识用户，证书的组织用于标识组成员身份。这通常被用作“超级用户”身份验证方法。

静态令牌

这被静态地定义为 bearer token，是在 apiserver 启动期间传入的。一般来说，它们并不常用。

Bootstrap 令牌

这是由 apiserver 通过 API 创建的动态生成的 bearer token。通常用于引导集群，尤其是将工作节点连接到集群上。

静态密码文件

如你所见，这是在启动时传递给 apiserver 的文件，用于定义用户、密码和组的静态列表。但我们一般不推荐这种方法。

服务账户令牌

这是由 apiserver 为所有创建的服务账户自动生成的令牌。该功能内置于 Kubernetes ServiceAccount 架构中。在集群中运行的 Pod 使用此方法与 apiserver 进行身份验证。

OpenID 连接令牌（OIDC）

OIDC 是 OAuth2 的一个变体，它使用独立的身份验证程序对用户进行身份验证，并生成 JWT 令牌，以便对 Kubernetes 进行身份验证。OIDC 是一种常见的解决方案，它通常用于与外部身份提供商集成。它可以被 Microsoft Azure Active Directory，Google，IBMid，CoreOS dex（LDAP，GitHub，SAML）等软件支持。

所有这些身份验证解决方案都提供用户和组信息（身份），这对 Kubernetes 授权模型至关重要。经过身份验证后，授权由 Kubernetes 基于角色的访问控制（RBAC）支持处理。

授权和 RBAC

自 Kubernetes v1.7 起，Kubernetes 中的授权已集成到平台中。Kubernetes 授权使用 RBAC 模型，并提供功能齐全的授权平台，允许运维人员通过 Kubernetes 对象、ClusterRole 和 Role 定义各种角色，并使用 ClusterRoleBinding 和 RoleBinding 将它们绑定到用户和组。值得我们深入讨论的问题是何时使用这些对象，因为对于什么是最佳实践，经常有人产生混淆。

在本节中，将介绍一个常见的用例：为集群提供 TravisCI 的访问权限以便为应用程序配置新版本。

ClusterRole 由一组对象和动词组成，用于确定角色的范围。所有对象都受 ClusterRole 限制，这些对象包括 Pod、ReplicaSet、DaemonSet、Deployment 等传统对象。ClusterRole 的独特之处在于它还可以引用集群对象，如 Namespace、Node、ClusterRoleBinding 等。请注意，ClusterRole 永远不会局限于命名空间。

在以下示例中，我们创建了一个 ClusterRole，允许访问 Deployment 和 ReplicaSet，这使我们的 TravisCI 服务器可以推送新的应用程序版本：

```
apiVersion: rbac.authorization.k8s.io/v1beta1
kind: ClusterRole
metadata:
  name: cicd-apps
rules:
```

```
- apiGroups:
  - apps
  - extensions
  resources:
  - deployments
  - replicasets
  verbs:
  - create
  - delete
  - deletecollection
  - get
  - list
  - patch
  - update
  - watch
```

Role 类似于 ClusterRole，但仅限于命名空间范围的对象，如 Pod、ReplicaSet、Deployment 和 RoleBinding。此外还要注意，创建 Role 时必须在特定的命名空间中创建。在这里，我们看一个与前一个示例等效的角色。这里需要注意一件有趣的事情，这个 Role 可以由我们的 DevOps 工程师创建和管理，然而他们可能无法管理 ClusterRole。我们发现 ClusterRole 更方便，因为你可以跨命名空间重用它或在集群范围内应用它。但是，作用于单个命名空间的 Role 管理访问在 Kubernetes 环境中很常见，该环境由许多团队共享和管理，而其中为用户提供集群范围的权限是不安全的。请注意，它们唯一的区别是访问 kind（Role）和 metadata 中包含的 Namespace。创建此对象时，只需要访问在如下示例中 `team-a` 的 Namespace 中创建的 Role 对象。前面提到的 ClusterRole 需要有集群级别的创建权限，并且此级别的权限可能仅对有更多特权的用户可用。

```
apiVersion: rbac.authorization.k8s.io/v1beta1
kind: Role
```

```
metadata:
 name: teama-cicd-apps
namespace: team-a
rules:
- apiGroups:
 - apps
 - extensions
 resources:
 - deployments
 - replicasets
 verbs:
 - create
 - delete
 - deletecollection
 - get
 - list
 - patch
 - update
 - watch
```

ClusterRoleBinding 允许将 ClusterRole 绑定到集群范围内的 user、group 或 ServiceAccount。在下一个示例中，我们使用 ClusterRole 提供对集群中所有命名空间的访问：

```
apiVersion: rbac.authorization.k8s.io/v1
kind: ClusterRoleBinding
metadata:
  name: travis-cluster-apps
roleRef:
  apiGroup: rbac.authorization.k8s.io
  kind: ClusterRole
  name: cicd-apps
subjects:
- kind: User
```

```
    name: travis
    apiGroup: rbac.authorization.k8s.io
```

RoleBinding 允许将 Role 或 ClusterRole 绑定到 Namespace 范围内的 user、group 或 ServiceAccount 中。这允许管理员创建 ClusterRoles 以定义访问权限，例如 admin、developer、auditor 等。在以下示例中，我们使用名为 `teama-cicd-apps` 的 Role 来允许 `travis` 用户仅访问 `team-a` 的命名空间。

```
apiVersion: rbac.authorization.k8s.io/v1
kind: RoleBinding
metadata:
  name: travis-apps
  namespace: team-a
roleRef:
  apiGroup: rbac.authorization.k8s.io
  kind: Role
  name: teama-cicd-apps
subjects:
- kind: User
  name: travis
  apiGroup: rbac.authorization.k8s.io
```

Role 和 RoleBinding 很有趣，因为它们可以让用户具有管理指定命名空间中对象的权限。修改 ClusterRole 和 ClusterRoleBinding 可以让用户拥有对集群范围的访问权限。这可能适用于具有自己的命名空间，并且希望为其持续集成/持续交付（CI/CD）工具（第 5 章）或其他用例设置 ServiceAccount 角色的小团队。

混合云

你必须解决的问题是如何在混合云环境中提供访问控制。在混合云环境中有几种不同的可行方法，我们在这里描述的两个关键方法是联合身份（*federated identity*）和模拟（*impersonation*）。

联合身份

使用联合身份提供程序可能是集中身份管理最直接的解决方法。这种方法允许集中管理用户和身份。许多企业客户已经有了使用其他服务的身份联合经验。

使用联合身份验证方法时，运维团队有责任确定在不同Kubernetes集群之间来用统一授权的合理方法。

因为RBAC在所有地方都很常见，因此很容易确定跨集群的统一的Role和ClusterRole。通常，最困难的是以统一的方式将用户和组绑定映射。私有部署集群可以使用由轻量级目录访问协议（LDAP）支持的OIDC或类似程序进行身份验证，而公有云集群可以使用由其自己的身份访问管理（IAM）机制支持的OIDC机制。模拟是一种可用于克服这些不一致问题的策略。

模拟

你可能需要考虑使用**身份模拟**(http://bit.ly/2xECZdF)的选项。此概念是由operator构建代理，该代理对现有身份提供者进行身份验证。然后，代理使用本地Kubernetes集群的集群管理员标识，并在每个请求上传递模拟header。以下是对这个例子的介绍：

1. Bob使用kubectl对集群A的代理发出请求。

2. 代理使用身份提供程序对Bob进行身份验证。Bob被认定为bob，并且属于teama和teamb。

3. 代理使用X.509证书或其他方法对集群A进行身份验证，并传递模拟header：

```
Impersonate-User: jane.doe@example.com
Impersonate-Group: developers
Impersonate-Group: admins
```

4. 集群 A 基于模拟用户和组授权请求。

5. 可以对集群 B 使用相同的流程。

我们这里不讲解模拟代理的实现问题，因为它超出了本书的范围。目前，作为 Kubernetes 开源的一部分，没有提供解决方案。此混合云解决方案的优势在于，无论所涉及的所有集群的本机身份验证方法是什么，你最终都会获得用于用户和组管理的规范化解决方案。这允许创建可以在所有集群中统一使用的单个 RBAC 对象集。

虽然模拟确实需要额外的开发和工具来提供支持，但它会产生一种策略，即可以更轻松地在异构 Kubernetes 集群中进行统一的身份验证和授权。

性能、调度和自动缩放

对这一部分的讨论，将性能和调度分组到同一个主题中非常重要。正确执行调度是处理混合云各种 Kubernetes 环境之间性能差异的关键。Kubernetes 调度程序完全依赖于适当的资源请求定义来准确地调度和利用资源。

调度

为了确保一致的性能和最佳的资源利用率，了解 Kubernetes 调度程序如何制定调度决策是至关重要的。Kubernetes 中的所有调度都是基于几个关键信息完成的。首先，它使用有关工作节点的信息来决定节点的总容量。使用 `kubectl describe node <node>` 将提供有关度程序如何看待全局所需的信息，如下所示：

```
Capacity:
 cpu:                4
 ephemeral-storage: 103079200Ki
 hugepages-1Gi:      0
 hugepages-2Mi:      0
 memory:            16427940Ki
 pods:              110
Allocatable:
 cpu:               3600m
 ephemeral-storage: 98127962034
 hugepages-1Gi:      0
 hugepages-2Mi:      0
 memory:            14932524020
 pods:              110
```

在这个例子中，我们可以看到工作节点的总容量，以及可分配的容量，这也正是调度程序所看到的内容。在 kubelet 中设置 Kubernetes 和系统预留空间的可分配因子。Allocatable 表示调度程序能够使用的给定节点的总空间。

接下来，我们需要了解如何向调度程序指示我们的工作负载。需要注意的是，Kubernetes 没有考虑工作负载的实际 CPU 和内存利用率，它仅对开发人员或运维人员提供的资源描述起作用。下面是这样一个例子：

```
resources:
  limits:
    cpu: 100m
    memory: 170Mi
  requests:
```

```
cpu: 100m
memory: 170Mi
```

这些是 Container 级别提供的规范。开发人员必须基于每个容器提供这些规范，而不是基于每个 Pod。这些规范是什么意思呢？限制因素限制由 kubelet 考虑，不是调度期间的因素。这表示此容器的 cgroup 将设置为将 CPU 的利用率限制为单个 CPU 核心的 10%，如果内存利用率超过 170 MB，则该进程将被终止，并重新启动。在 Kubernetes 使用 cgroups 时没有“soft”内存限制。调度程序使用这些请求来确定放置此工作负载上的最佳工作节点。请注意，调度正在添加 Pod 中所有容器的资源请求，以确定放置它的位置。kubelet 在每个容器的基础上强制执行限制。

我们现在有足够的知识来理解 Kubernetes 使用的是基于资源的调度逻辑。创建新 Pod 时，调度程序将查看 Pod 的总资源请求，然后尝试查找具有最多可用资源的工作节点。调度程序对每个节点进行跟踪，如 kubectl describe node 中所示：

```
Allocated resources:
   (Total limits may be over 100 percent, i.e.,
   overcommitted.)

    CPU Requests   CPU Limits      Memory Requests
    Memory Limits
    ------------   ----------      ---------------
    -------------
    1333m (37%)    2138m (59%)     1033593344(6%)
    1514539264(10%)
```

你可以通过查看 Kubernetes **源代码** (http://bit.ly/2zAtldo) 来了解调度程序的详细信息。调度有两个关键概念。在第一步中，调度程序尝试根据资源请求和其他调度要求过滤能够运行给定 Pod 的节点。在第二步中，调度器基于节点的绝对和相对资源利用率及其他因素来对符合条件的节点进行加权。选择最高加权的合格节点用于调度 Pod。

到目前为止，在本章内容中，我们还没有考虑 Kubernetes 中可用于过滤节点的各种其他调度提示，例如 Node/Pod 亲和性/反亲和性。这些工具用于调整基于资源的调度程序提取的节点池。你可以在 Kubernetes 文档中 (http://bit.ly/2ImIIc2) 了解有关此内容的更多信息。

混合云的调度考虑因素

在管理一组异构的工作节点和集群的工作负载时，需要关注的重点是，并非所有 CPU 内核都是相同的。一个 CPU 核心不能总是做与另一个 CPU 核心相同的工作。这可能是由时钟速度和 CPU 进程的变化引起的。Kubernetes 没有任何方法可以查看或管理这些性能变化，因此你需要考虑一些事情。以下是一些选项。

- 根据最小公分母创建资源请求和限制。找到性能最差的目标 Kubernetes 集群，并根据这些工作节点创建资源请求和限制。有利的一面是所有内存的容量都是相同的，所以可以在集群之间进行一对一的转换。CPU 的可变性，取决于工作节点的物理芯片。因此，你最终可能无法充分利用性能更高的工作节点。
- 为每个 cluster/worker 创建自定义请求/限制。
- 使用自动缩放。我们将在下一节讨论几种进行自动缩放的方法。

自动缩放

目前使用的自动缩放有四种常见形式，它们分为两类：基于监控的自动缩放（Pod 水平自动缩放和 Pod 垂直自动缩放），以及基于集群规模的自动缩放（集群比例自动缩放和插件自动缩放）。

所有四种形式都尝试使用各种输入来动态地确定正确的副本计数或资源请求。我们将在下一节中详细介绍每一种形式。

Pod 水平自动缩放（Horizontal Pod Autoscaler）

最常见的自动缩放形式是 Horizontal Pod Autoscaling（HPA）。根据 API *metrics.k8s.io*（或直接来自 heapster pre-Kubernetes 1.11）提供的指标自动调整 Pod 的实际 CPU 利用率。使用这种方法，只需要对工作负载给定合理的资源请求和限制，自动缩放器就会查看实际的 CPU 利用率以确定何时进行扩展。让我们通过应用程序看一个例子：

```
apiVersion: extensions/v1beta1
kind: Deployment
metadata:
  labels:
    run: hello
  name: hello
spec:
  selector:
    matchLabels:
      run: hello
  template:
    metadata:
      labels:
        run: hello
    spec:
      containers:
      - image: kitch/hello-app:1.0
        name: hello
```

```
        resources:
          requests:
            cpu: 20m
            memory: 50Mi
---
apiVersion: v1
kind: Service
metadata:
  labels:
    run: hello
  name: hello
spec:
  ports:
  - port: 80
    protocol: TCP
    targetPort: 8080
  selector:
    run: hello
```

现在用一个简单的 Web 应用程序来开始探索自动缩放。从缩放角度看看我们能做些什么。第一步：为此部署创建自动调节策略：

```
$ kubectl autoscale deploy hello
--min=1--max=5--cpu-percent=80
deployment.apps "hello" autoscaled
$ kubectl get hpa hello
NAME  REFERENCE          TARGETS MINPODS   MAXPODS REPLICAS
hello Deployment/hello  0%/80%  1         5       1
```

现在我们准备好给新的 Web 应用程序增加一些负担，看看接下来会发生什么。现在，当检查 Pod 的 CPU 利用率时，可以看到它使用了 43m 的内核：

```
$ kubectl top pods -l run=hello
 NAME                              CPU(cores)   MEMORY(bytes)
```

```
hello-7b68c766c6-mgtdk    43m         6Mi
```

这已经超过我们设计的资源请求的两倍多：

```
$ kubectl get hpa hello
NAME  REFERENCE         TARGETS   MINPODS MAXPODS REPLICAS
hello Deployment/hello  215%/80%  1       5       1
```

请注意，HPA 增加了副本数量：

```
$ kubectl get hpa hello
NAME  REFERENCE         TARGETS MINPODS  MAXPODS REPLICAS
hello Deployment/hello  86%/80% 1        5       3
```

利用率仍高于限制策略，因此 HPA 将再次扩大规模，并将负荷降低到策略阈值以下：

```
$ kubectl get hpa hello
NAME  REFERENCE        TARGETS  MINPODS  MAXPODS REPLICAS
hello Deployment/hello 62%/80%  1        5       4
```

值得注意的是，度量标准集合和 HPA 不是实时系统。Kubernetes 文档更详细地讲述了**控制管理器设置**和 **HPA 的其他复杂性** (http://bit.ly/2r08Row)。

最后，我们减少了部署的负载，它会再次自动减少副本：

```
$ kubectl get hpa hello
NAME  REFERENCE         TARGETS  MINPODS MAXPODS  REPLICAS
hello Deployment/hello  0%/80%   1       5        1
```

这对混合云场景有何帮助？它确保无论任何一个集群或工作节点有怎样的固有性能，自动调节器都将确保分配适当的资源来支持工作负载。

Pod 垂直自动缩放

VerticalPodAutoscaler（VPA）是一种出色的解决方案，适用于需要纵向扩展而非水平扩展的 Deployment。随着内存和 CPU 利用率的增加，HPA 会增加更多副本，而 VPA 会增加部署的内存和 CPU 请求。对于这个例子，再次引用我们的 hello 示例。首先根据**提供的步骤** (http://bit.ly/2xP9iH5) 安装 VPA。如果你还记得，可以从 20 millicores 的要求开始。首先，申请 VPA：

```
apiVersion: poc.autoscaling.k8s.io/v1alpha1
kind: VerticalPodAutoscaler
metadata:
  name: hello-vpa
spec:
  selector:
  matchLabels:
      run: hello
  updatePolicy:
    updateMode: Auto
```

现在，将负载应用于应用程序，并观察相应的响应：

```
$ kubectl top pods -l run=hello
NAME                     CPU(cores)  MEMORY(bytes)
hello-7b68c766c6-mgtdk   74m         6Mi
```

然后，可以查看 hello 的 Deployment 资源请求，并查看它们是否已自动调整以匹配应用程序的实际利用率：

```
resources:
  requests:
    cpu: 80m
    memory: 50Mi
```

集群按比例伸缩

除了 HPA 之外，还有一些其他常见的自动缩放器。第一个是集群按比例伸缩(Cluster Proportional Autoscaler，http://bit.ly/2zA98Ve)，它根据工作节点和资源容量来查看集群的大小，以决定需要多少个给定服务的副本。KubeDNS (http://bit.ly/2QZ7O4K)也是使用的这个策略，例如：

```
spec:
  containers:
    - command:
    - /cluster-proportional-autoscaler
    - --namespace=kube-system
    - --configmap=kube-dns-autoscaler
    - --target=Deployment/kube-dns-amd64
    - --default-
params={"linear":{"coresPerReplica":256,"nodesPerRepl
ica":16,
"preventSinglePointFailure":true}}
    - --logtostderr=true
    - --v=2
```

核（Core）和节点（Node）的数量用于确定需要多少个 KubeDNS 副本。

插件和缩放

另一个很好的例子是 addon-resizer(http://bit.ly/2R1BIW1)（又称 aka pod_nanny），它可以根据集群大小执行资源请求的垂直缩放，也可以根据集群中的工作节点数量来扩展资源对单例的请求。这个自动缩放器已被 heapster 使用：

```
  - command:
 - /pod_nanny
 - --config-dir=/etc/config
 - --cpu=80m
 - --extra-cpu=0.5m
 - --memory=140Mi
 - --extra-memory=4Mi
 - --threshold=5
 - --deployment=heapster
 - --container=heapster
 - --poll-period=300000
 - --estimator=exponential
```

性能

所有这些自动缩放对你有何帮助？关键在于这些自动缩放选项允许你将实际资源利用率数据与应用程序的规模联系起来。因此，即使给定的用于调度 Pod 的资源请求可能不能 100% 准确地反映真实利用率，自动调节器也将调整应用程序的请求和使用资源总量。autoscaler 和 scheduler 之间的这种交互的最终结果将是，无论单个 Pod 或工作节点的性能和利用率如何，给定应用程序的所有 Pod 的系统都将被正确平衡以满足你的性能要求。

网络

Kubernetes 网络是简单又是复杂的。简单是由于 Kubernetes 本身并没有制造网络魔术。复杂性则由于 Kubernetes 的各种网络插件和概念。以下是 Kubernetes 核心网络概念：

- 集群（又称 Pod）网络；
- Service/kube-proxy/load balance；
- Ingress；
- 网络/安全策略。

除了上述核心网络概念之外，混合云环境还必须集成某种形式的虚拟专用网络（VPN）。我们将在后面的章节中讨论这些内容。

Pod 网络

Kubernetes 最核心的网络组件是 Pod 网络。这就是使每个 Pod（及其中的容器）网络可寻址的原因。Kubernetes 本身只为实现 Pod 最基本的网络。这是 Pod 网络 Namespace，由 Pod 的所有容器共享。Pod 网络 Namespace 允许 Pod 的所有容器彼此通信，就好像它们都在自己的专有主机中运行一样。容器 A 能够通过 localhost 与容器 B 通信。Pod 中的所有容器共享一个端口空间，就像一个计算主机上的两个进程必须争用可用端口一样。Pod 网络 Namespace 由 Kubernetes 上的 `pause` 容器提供，它除了创建和拥有网络 Namespace，其他什么都不做。

接下来介绍容器网络接口（CNI）插件，它将 Pod 网络 Namespace 连接到 Kubernetes 集群中的其余 Pod 上。有大量不同的 CNI 插件可用于各种网络实现。有关 CNI 插件的更多信息，请参阅官方文档(http://bit.ly/2OeaDk6)。最重要的是要知道，集群网络提供了集群中 Pod-to-Pod 通信和 IP 地址管理。

Service、kube-proxy、Load Balance

Kubernetes 严重依赖微服务的概念，就是说集群中提供许多服务功能单元，并且可以从集群内部或从集群外部作为服务进行访问。对服务的介绍已经写了很多，并且 Kubernetes **文档详细介绍了服务**(http://bit.ly/2q7AbUD)。Service 最常见的用例是创建 Kubernetes Deployment 或 ReplicaSet，并将该组 Pod 作为单个、可伸缩、高可用性的 Service。

`kube-proxy` 组件使所有这些成为可能。我们在这里不再详细介绍 kube-proxy 机制，但实质上，它为集群内 Kubernetes 服务提供了高效且高度可用的负载均衡。

最后，我们有 Load Balance，它是 Kubernetes 中的一个概念，允许从集群外部访问 Kubernetes 服务。在创建 `type=LoadBalancer` 的服务时，意味着该服务应该在外部可用。你的 Kubernetes 服务提供商或裸机解决方案将确定负载均衡器的实施细节。最终，你会得到一个可用于访问服务的外部 IP 地址。你可以在 **Kubernetes** 文档中(http://bit.ly/2Gs05Wh)找到更多详细信息。

对于 Service，kube-proxy 和 Load Balance，混合云考虑因素通常仅针对 Load Balance。这是因为在很多情况下，Load Balance 是特定于云提供商的，可以具有唯一的注解和行为。通过研究这些以确保实现跨平台的一致性和安全性。

Ingress

`Ingress` 提供了一个 Kubernetes 对象模型，通过第 7 层应用程序负载均衡器让 Kubernetes 集群提供对外服务。一个例子是提供对 Web 服务或网页的公共互联网访问。您选择的 Ingress 控制器将确定实施方案。您只需要创建一个 Ingress 对象，以表明通过应用程序负载均衡器可以在外部公开 Kubernetes 服务。以下是一个示例对象：

```
apiVersion: extensions/v1beta1
```

```
kind: Ingress
metadata:
  name: hello-ingress
spec:
  rules:
  - host: kitch.us-east.containers.appdomain.cloud
    http:
      paths:
      - path: /
        backend:
          serviceName: hello
          servicePort: 80
```

这向 Ingress 控制器指示，hello 服务应该在 kitch.us-east.containers. appdomain.cloud 主机名上公开，然后由 Ingress 控制器实现这种期望的状态。

混合云策略严重受到 Ingress 的影响，因为每个服务商提供的 Ingress 控制器各自有许多自己的注解与实现相关联。由于不同服务商之间的多样性，Ingress 对象通常由运维团队而不是开发团队管理。在这种情况下，开发人员可能会要求通过特定的 Ingress 公开特定服务，然后，操作人员可以创建 Ingress 对象，开发团队可以随时对后端服务进行更新。有一种办法是在不同的 Kubernetes 集群上使用社区版 Ingress 控制器作为 Kubernetes 负载均衡服务，为集群间提供一致性。因此，你需要部署一个 Ingress 控制器，例如使用多副本的 Kubernetes **ingress-nginx** (https://github.com/kubernetes/ingress-nginx)，然后使用以下 Service 公开它：

```
$ kubectl expose deploy ingress-nginx --port 443 --type LoadBalancer
```

完成此操作后，Ingress 控制器可以正常使用。这为异构集提供了统一的入口体验。注意，如果你使用此路径，则需要禁用其他 Ingress 控制器或在 Ingress 对象中使用注释来指定哪个控制器应处理该对象。你可以使用以下命令指定 Kubernetes ingress-nginx 控制器：

```
annotations:
  kubernetes.io/ingress.class: "nginx"
```

还有其他文档(http://bit.ly/2OnMmrX)可用于引入相同类型控制器的多个实例。

网络安全/策略

我们需要讨论 Kubernetes 相关的两个层面的网络安全性：保护工作节点和 Pod。在 Kubernetes 中保护 Pod 的内容也属于 Kubernetes Network Policy 的领域，当与支持策略(https://github.com/containernetworking/cni) 的 CNI 插件(https://github.com/containernetworking/cni) 一起使用时，允许用户和运维人员控制 Pod 级别的网络访问控制。也可以使用 Istio 提供 Pod 网络策略，我们将在后面“Istio”中讨论。工作节点的网络安全性问题不属于 Kubernetes 的领域。你必须使用外部工具（如虚拟私有云 https://en.wikipedia.org/wiki/Virtual_private_cloud，VPC）网络访问控制列表（ACL）或云提供商提供的安全组、iptables 或云安全解决方案（如 Project Calico, https://www.projectcalico.org/）来保护节点。

NetworkPolicy

NetworkPolicy 对象用于控制输入和离开 Kubernetes Pod 的网

络流量。输入网络流量通常称为入口流量，离开 Pod 的网络流量通常称为出口流量。NetworkPolicy 对象非常灵活，其功能随着时间的推移而大大增加。在这里我们不再详细介绍如何构建 NetworkPolicy 或底层实现，官方 Kubernetes 文档 (http://bit.ly/2NKYnYP) 有很好的参考价值。

让我们看一下运营商可能会遇到的一些例子。Kubernetes 文档中没有详细讨论的一部分内容是如何使用 NetworkPolicy 为集群或集群提供访问控制。通常会从 Namespace 的默认拒绝策略开始介绍，如下所示：

```
apiVersion: networking.k8s.io/v1
kind: NetworkPolicy
metadata:
  name: default-deny
  namespace: teama
spec:
  podSelector: {}
  policyTypes:
  - Ingress
  - Egress
```

在许多情况下，我们可能希望允许出口访问外部 Web 服务。在这种情况下，你还可以使用 ipBlock 来允许服务出口。在此示例中，我们购买了基于公有云的 Redis 服务。我们的团队将部署 Pod 访问此服务。默认情况下，此流量将会被阻止。此策略将允许集群内 Pod 访问 Internet Redis 服务。假设我们尝试访问 10.10.126.48/28 段的 Redis 服务，端口为 6379，一个简单的策略就能实现：

```
apiVersion: networking.k8s.io/v1
kind: NetworkPolicy
metadata:
```

```
  name: allow-redis
  namespace: teama
spec:
  podSelector: {}
  policyTypes:
  - Egress
egress:
  - to:
    - ipBlock:
        cidr: 10.10.126.48/28
    ports:
    - protocol: TCP
      port: 6379
```

如果使用能够支持源 IP 地址保留的 LoadBalancer 或 Ingress 解决方案，还可以使用 NetworkPolicy 来限制可以访问 Pod 的地址。这是一个普遍针对混合云方案的期望解决方案，因为某些服务可能是公开托管的，但运营商可能希望仅允许本地用户访问该服务。我们可以以我们的（defanlt-deny）策略为基础，希望允许公司网络（159.27.17.32/17）访问我们的 HR 应用程序：

```
apiVersion: networking.k8s.io/v1
kind: NetworkPolicy
metadata:
  name: allow-corporate-to-hr-frontend
  namespace: teama
spec:
  podSelector: {}
  policyTypes:
  - Ingress
ingress:
  - from:
    - ipBlock:
        cidr: 159.27.17.32/17
```

```
        - podSelector:
            matchLabels:
              app: hr-frontend
        ports:
        - protocol: HTTP
          port: 8080
```

这只是 NetworkPolicy 强大的一个例子。在这里，我们通过 ipBlock 查看了入口/出口。很多时候，NetworkPolicy 也用于保护和隔离 Kubernetes Pod。在这些情况下，我们可以使用 podSelector 选项，而不是 ipBlock 来创建一个简单的策略保护我们的 Pod 不受其他影响。

工作节点网络安全

如本章所述，有许多解决方案可用于保护工作节点的网络。我们不会在这里详细介绍云提供商解决方案，因为它们对每个提供商都是独一无二的。也就是说，在混合云中，你通常拥有自己的“裸机”集群，你希望在其中保护你的工作节点。Calico 项目这样的解决方案在这些环境中会表现得非常出色。Calico 有自己本地的 GlobalNetworkPolicy(http://bit.ly/2xHLGnm) 对象。你甚至可能会发现在云提供商环境中使用一致的方法来管理混合方案中的工作节点安全性是可取的。

让我们看一个非常简短的例子，它可以用来允许访问工作节点上的 nodeport 端口，端口范围是 30000 到 32767 。我们还允许所有出口流量，并使用 Kubernetes 网络策略来控制出口流量：

```
apiVersion: projectcalico.org/v3
kind: GlobalNetworkPolicy
metadata:
  name: allow-nodeports
spec:
```

```
  selector: role == 'all'
  types:
  - Ingress
  - Egress
  ingress:
  - action: Allow
    protocol: TCP
    destination:
      ports:
      - 30000:32767
  egress:
  - action: Allow
```

Calico 使用 iptables 规则实现这些网络策略。`Calico GlobaNetworkPolicy` 的核心优势在于它允许管理员使用选择器以编程方式控制整个节点范围内的访问。

Istio

鉴于我们可以单独编写一本关于 Istio 的完整书籍，我们在这里只简单地介绍一下 Istio (https://istio.io/)。在本节中，我们将简要概述 Istio 的功能，以便你自己决定是否值得更深入地探索此框架。

从本质上讲，Istio (http://bit.ly/2Ojqo9c) 是一个服务网格框架，它提供了一些与 Kubernetes 本身相同的微服务功能，例如服务发现和负载均衡。此外，Istio 还可具有流量管理、服务标识和安全性、策略实施和遥测等功能。运营商可能会发现特别吸引人的两个 Istio 概念是**双向 TLS** (https://istio.io/docs/concepts/security/mutual-tls/)，可以使用集中管理的证书来保护 Pod-to-Pod 流量，以及出口策略 (https://istio.io/docs/ tasks/traffic-management/egress/)。Istio 中的**出口策略**特别有吸引力，因为它消除了基于外部服务无类别域间路由（CIDR）块创建策略的需要，并允许基于 URL 定义策略。允许访问外部 Compose MongoDB 服务就像执行以下操作一样简单：

```
apiVersion: networking.istio.io/v1alpha3
kind: ServiceEntry
metadata:
  name: compose-mongodb
spec:
  hosts:
  - sl-us-south-1-portal.27.dblayer.com
  - sl-us-south-1-portal.28.dblayer.com
  ports:
  - number: 47400
      name: mongodb
      protocol: TCP
```

该策略允许在 Kubernetes 集群中运行的所有 Pod 和服务都具有对我们公开托管的 MongoDB 服务拥有（出向流量）访问权限。这允许你可以访问此服务，无论它是否可能托管在内容分发网络（CDN）或其他基于代理的解决方案，并不再关心 IP 地址。

Istio 巧妙地解决了大量的运维和架构问题。我们强烈建议你在 Kubernetes 的使用规模变大的过程中对 Istio 进行研究，因为伴随 Kubernetes 使用者增多，也变得更加先进。

虚拟专用网

在混合云环境中，要克服的最重要挑战之一是网络连接问题。你会有在各种网络环境中运行 Kubernetes 集群，而网络连接非常有限。虚拟专用网（VPN）是解决这些挑战的常用解决方案。VPN 解决方案可以在防火墙网络环境之间创建连接。让我们看一个示例，我们有一个公开托管的 Kubernetes 集群，另一个在我们的本地数据中心。在这种情况下，我们希望对集群的所有服务和访问权限尽可能完全控制，可以尝试使用 VPN！

你会发现很多不同的 Kubernetes VPN 解决方案。我们有点偏爱对 IBM 云解决方案，实际上，有一个基于 StrongSwan 的 IPSec VPN 解决方案，可以将 IBM Cloud Kubernetes 服务集群连接到 IBM Cloud Private 中。你可以在 http://bit.ly/2xSNJnV 找到有关部署此 VPN 解决方案的详细文档。无论你采用何种 VPN 解决方案，都可以考虑在所有集群中使用单一解决方案。

存储

之前，我们谈到了 Kubernetes 中的一些存储概念，包括 Volume、Persistent Volume（PV）和 Persistent Volume Claim（PVC）。从运维角度来看，没有太多问题需要解决。一个考虑因素是如何管理存储。在某些公司中，可能会有一个存储管理员拥有适当的 RBAC 来创建 PV 和 PVC。开发人员只能访问 PVC。当然，信任管理员可能会为开发人员提供 RBAC，让他们可以直接创建自己的 PVC，尤其是在支持动态存储配置的环境中，因为它极大地简化了快速部署和扩展依赖于存储的应用程序的能力。

存储知识至关重要的一个领域是 StorageClass (https://kubernetes.io/docs/ concepts/storage/storage-classes/)。StorageClass 用于指定后备物理存储的性能和其他特征。在混合云环境中，你会看到存储类的多样性，在这里，一个知识渊博的存储管理员和性能工程师可以帮助查找和创建可用于跨混合集群的可比类，从而帮助开发人员获得性能优势。

Kubernetes 卷插件

Kubernetes 中存储支持的关键是卷插件。Kubernetes 支持两种类型的 out-of-tree 卷插件：CSI 和 FlexVolume。这两个选项都为 Kubernetes 提供了扩展，为 PV 支持各种后端存储解决方案提供了方法。在这里，我们将回顾一下你将在 IBM Cloud 中遇到的一些卷插件问题。

IBM Cloud Kubernetes 服务

IBM Cloud 提供了两个 FlexVolume 插件，可与 IBM Cloud Kubernetes 服务一起使用，这两个插件为 IBM Cloud Storage for IBM Cloud 和 IBM Block Storage for IBM Cloud。这些驱动程序允许用户轻松访问 IBM Cloud 管理的永久性存储选项。此外，这些插件还提供各种 StorageClass，可满足各种容量和性能需求。更多细节可以参考 **IBM 云服务 Kubernetes 的文件资料**(http://bit.ly/2N8XJPP)。

GlusterFS

GlusterFS(https://docs.gluster.org/en/latest/) 是一个可以向 Kubernetes 提供服务的分布式文件系统。GlusterFS 是软件定义存储的一个案例，其中任意块存储设备（称为 *bricks* ）都有一个受管理的文件系统副本。当然，这样做的好处是如果托管文件系统的一部分或副本的节点发生故障，其他节点仍然可以从幸存的副本中访问数据。有一些抽象层需要注意，让我们仔细研究一下。

- 在每个工作节点上，文件系统客户端允许工作节点从

GlusterFS 挂载一个副本，以获得本地可用性。

- Kubernetes 插件可以将这些文件系统挂载到容器中。
- Heketi 是一个 API 抽象层，允许在 GlusterFS 中动态配置分布式卷。Heketi 作为动态存储提供方与 Kubernetes 交互。注册一个提供动态端点的存储类，该存储类由 Heketi API 提供服务。
- 每个 PVC 也会声明其预期的存储类，以及所需的卷大小，所需的共享读/写特征，以及预期的循环行为等属性。

当 Kubernetes 使用 GlusterFS 存储类检测到新的 PVC 时，会向 Heketi 发出 API 请求，以创建一个匹配的 PV。最后，PV 安装到容器中，本地容器进程能够读取和写入数据。因为我们选择了 GlusterFS 作为该文件系统，所以每次写入都会在多个存储位置进行复制，这些存储位置由存储类中的设置控制。

配额

无论何时管理共享资源，资源配额都是一个关键问题。Kubernetes 允许你在多个级别控制资源分配，包括每个 Pod 的细粒度控制，例如限制分配给容器的 CPU 和内存（请参见第 143 页性能、调度和自动缩放部分内容，<#performance-scheduling-and-autoscaling>），或在每个 Namespace 中进行限制。

让我们来看看 `stock-trader` Namespace 的示例配额声明：

```
---
kind: ResourceQuota
apiVersion: v1
metadata:
  name: stock-trader-quota
```

```
  namespace: stock-trader
spec:
  hard:
    limits.cpu: '8'
    limits.memory: 8Gi
    requests.cpu: '4'
    requests.memory: 4Gi
    services: '25'
    persistentvolumeclaims: '25'
```

在此示例中，我们设置了请求的边界（保留多少）和限制（允许多少）。说明下限有助于确保你的 Kubernetes 集群具有足够的容量来满足所有预期的工作负载。

limits.cpu

Namespace 中的 Pod 使用的所有 CPU 份额的总和不得超过这个值。你可以表示范围 0 到 1 内的小数值（例如，0.5 是 CPU 的一半），或使用后缀“m”表示毫核（例如，800m 相当于 CPU 的 0.8 或 8/10）。

limits.memory

Namespace 中的 Pod 使用的所有内存共享的总和不得超过这个值。表达的单位通常为千兆字节（Gi）。你还可以指定替代单位，包括 E,P,T,G,M 或 K，用于表示 10 的幂的字节数，或 Ei,Pi,Ti,Gi,Mi 或 Ki，用于表示 2 的幂的字节数。

requests.cpu

在集群上保留的 CPU 容量。你可以使用 `limit.cpu` 来指定单位。

requests.memory

要在集群上保留的内存量。你可以使用 `limit.memory` 来指定单位。

services

Namespace 中允许的总服务数。

persistentvolumeclaims

Namespace 中允许的总 PVC 数。

要记住的最重要的事情是设置配额和 Pod 的请求。请求确保已经保留了足够的容量，这对于跨集群中节点的 Pod 有效平衡的调度至关重要。有关请求的更多详细信息，请参见第 143 页性能、调度和自动缩放部分（<#performance-scheduling-and- autoscaling>）。

前面的示例展示了 `service` 和 `persistentvolume` 声明，但是大多数 Kubernetes 资源可以表示为在 Namespace 中对于提供这些资源允许数量的绝对限制。我们阐述这两种声明是因为我们发现它们是最重要的限制因素。

请注意，`resourcequota` 是它自己的类型，是 Namespace 作用域。因此，管理 Namespace 的配额是在 Namespace 中定义的。

在定义 Kubernetes 的 Role 和 Role Binding 时，请确保将创建或者更改 `resourcequota` 对象的能力控制在集群管理员或者操作人员手中。否则，你可能会将比预期更多的容量暴露给一位资源需求量更大的开发人员。

你可以像 Kubernetes 中的所有其他资源一样应用配额：

```
$ kubectl apply -f resource-quota.yaml
resourcequota"stock-trader-quota" created
```

如果你使用的是 IBM Cloud Private，还可以使用 Web 控制台在“管理”>“配额”下更轻松地创建资源配额。图 7-1 演示了使用 IBM Cloud Private 提供的工具为 `stock-trader` Namespace 创建资源配额。

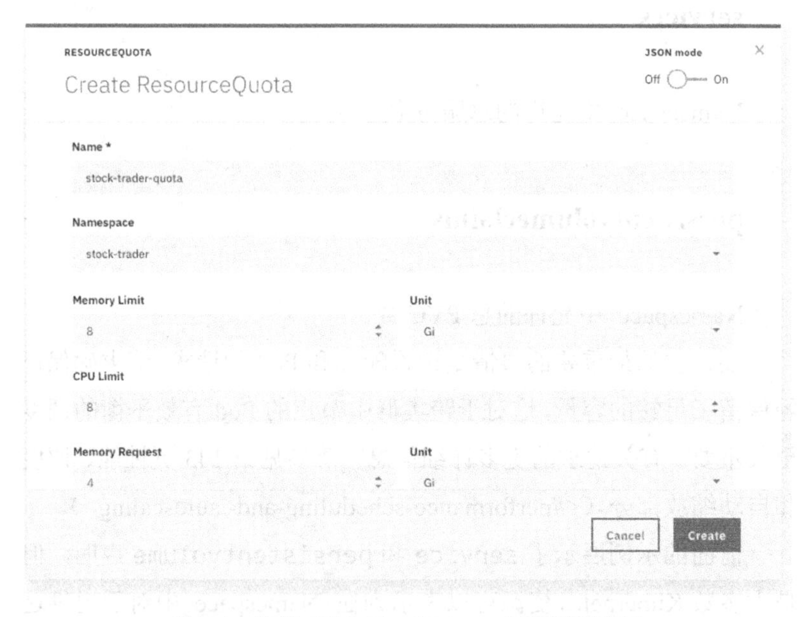

图 7-1 使用 IBM Cloud Private 创建资源配额

审计与合规

对于 Kubernetes，审计应该考虑两个关键方面：kube-apiserver 和工作节点。对于 apiserver，有以下两个因素需要考虑。首先是审核策略 (http://bit.ly/2IlXyjd)，它确定将审核哪些请求，以及审核请求的数据量。需要谨慎平衡以保持性能，同时仍要满足合规性需求。云提供商可能包含 apiserver 审核日志记录的设置功能。kube-apiserver 审计的第二个需要考虑的因素是存储这些审计事件的位置。你可以选择本地日志文件或基于 webhook 的后端，通常，云提供商会提供一些集成功能。IBM Cloud Kubernetes 服务允许运维人员将日志发送到 IBM Log Analysis 中或使用 Webhook 将审计交付给第三方 (http://bit.ly/2Oear4m)。

除了 kube-apiserver 之外，我们还建议你从所有工作节点收集审计信息。Linux 上的审核日志收集标准是 auditd。你可以在**配置和审核 (http://bit.ly/2zzJxvo) 或系统监视**(http://bit.ly/2zzDGGx) 时找到与 auditd 相关的教程。Kubernetes 的关键是在所有工作节点上配置 auditd，并使用 Fluentd 收集审计数据。云提供商可能会将对工作人员的审计作为其服务的一部分。

Kubernetes 集群联邦（Federation）

无论使用哪种混合云方案，Kubernetes 集群联邦 (http://bit.ly/2xGa0Gw) 都是一个必须包含的步骤。集群联邦允许你通过一个 API 端点管理两个或多个 Kubernetes 集群的资源。

在集群联邦配置中需要考虑很多注意事项。一个问题是如何在联邦中进行身份验证和授权，因为很难跨集群管理它们的层次结构。

集群联邦通过向联邦中的集群复制或分发对象来工作。因此，如果创建了 ConfigMap，则会在联邦中的所有集群中复制它。如果创建了 ReplicaSet，也会在联合中的所有集群中复制它，并在每个集群中使用相同数量的 Pod。

此外，联邦负责在每个集群中配置 DNS 服务器，以启用跨集群服务发现。根据联邦中集群的网络配置，这可能会，也可能不会启用某种级别的跨集群通信。而用户还将看到不同级别的跨集群负载均衡器和入口配置。

> **注意** “成熟度：联邦项目(http://bit.ly/2xDQ4E0)相对较新，但不成熟，并非所有资源都可用，而且许多资源仍然是 alpha。https://github.com/ kubernetes/federation/issues/88 上列举了一些团队正在忙着解决的系统已知问题。”

值得注意的是，在本书出版过程中，Kubernetes sigfederation 正在制定一项 **v2** 提案 (https://github.com/kubernetes-sigs/federation-v2)。这项工作希望解决原始联邦工作中的调度、管理和身份验证/授权等问题。

第 8 章 贡献者体验

在本书中，我们确信 Kubernetes 是一种受欢迎且令人兴奋的技术，它将为企业带来巨大价值。但是，如果你真的想体验 Kubernetes，我们强烈建议你成为 Kubernetes 社区的贡献者。Kubernetes 贡献者社区团结了一群非常友好的人，拥有大量关于云计算和容器技术知识。成为贡献者，你将有机会扩展技能，并建设专业知识网络。给 Kubernetes 项目做贡献可以采取多种形式，包括贡献源代码、新建 bug 报告和贡献文档。

如果你过去从未为开源项目做过贡献，那么学习如何为像 Kubernetes 这样的开源项目做出贡献可能很难。幸运的是，有几种资源可以帮助你加速踏上 Kubernetes 社区贡献者的旅程。在本章中，我们将重点介绍其中一些优秀的在线资源。

Kubernetes 网站

Kubernetes 网站 (https://kubernetes.io/) 是获取 Kubernetes 信息

的绝佳场所。如图 8-1 所示，Kubernetes 的主页提供了更多有关主题信息的链接，例如文档、社区、博客和案例研究。在 Kubernetes 网站的社区部分，你会发现关于如何加入大量 Kubernetes 特殊兴趣小组（SIG）的更多信息。每个 SIG 都关注 Kubernetes 的某个特定方面，希望你能找到一个能激发你的兴趣，并符合你兴趣的团队。

图 8-1　Kubernetes 网站主页（https://kubernetes.io/）

云原生计算基金会网站

图 8-2 显示了元原生计算基金会（https://www.cncf.io/）（CNCF）网站。它提供了有关 CNCF 托管的各种云原生计算项目的大量信

息。CNCF 旗下的项目包括 Kubernetes、Prometheus、Envoy、Containerd、Fluentd、Helm 等多个项目。此外，CNCF 还提供了几个 Kubernetes 教育培训模块，还有一个经过认证的 Kubernetes 应用程序开发人员（CKAD）计划。

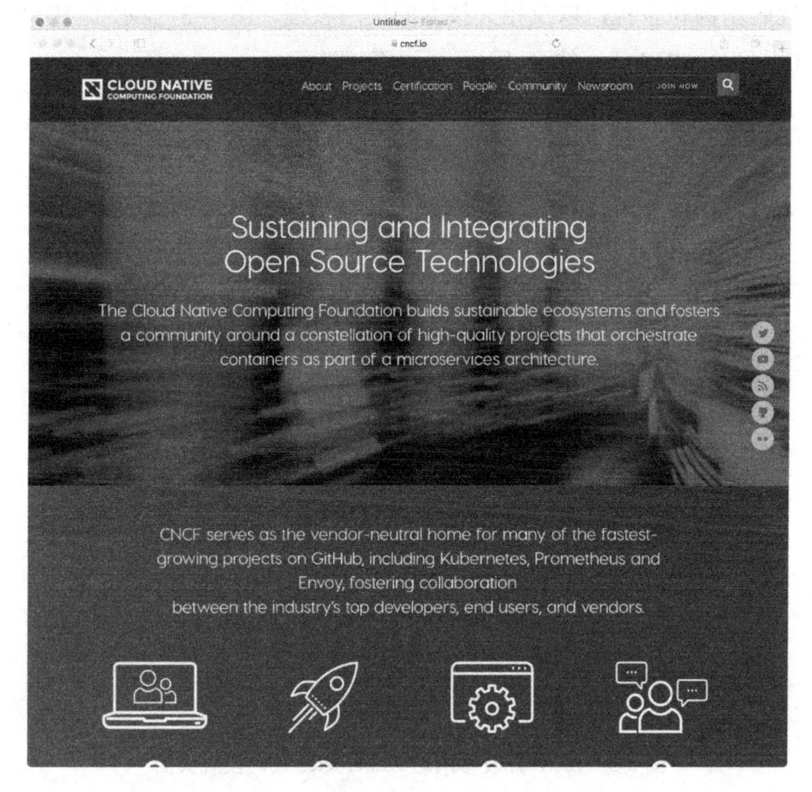

图 8-2　云原生计算基金会网站主页 (https://www.cncf.io/)

IBM 开发者网站

IBM 开发者网站 (https://developer.ibm.com/) 提供了大量的基于 Kubernetes 代码模式。该网站在语义上将代码、内容和社区链接起来，为开发人员提供支持，并在他们学习新的开源技术时为他们提供支持。在 IBM Developer 中，开发人员可以通过各种开源主题和解决方案获取指导学习的途径，以提高他们的技术深度，并提升他们在开源中的个人声望。IBM 开发者网站中有很多 Kubernetes 代码示例和教程，以及相关技术的使用教程。图 8-3 显示了 IBM Developer Website 的 Kubernetes 内容部分。

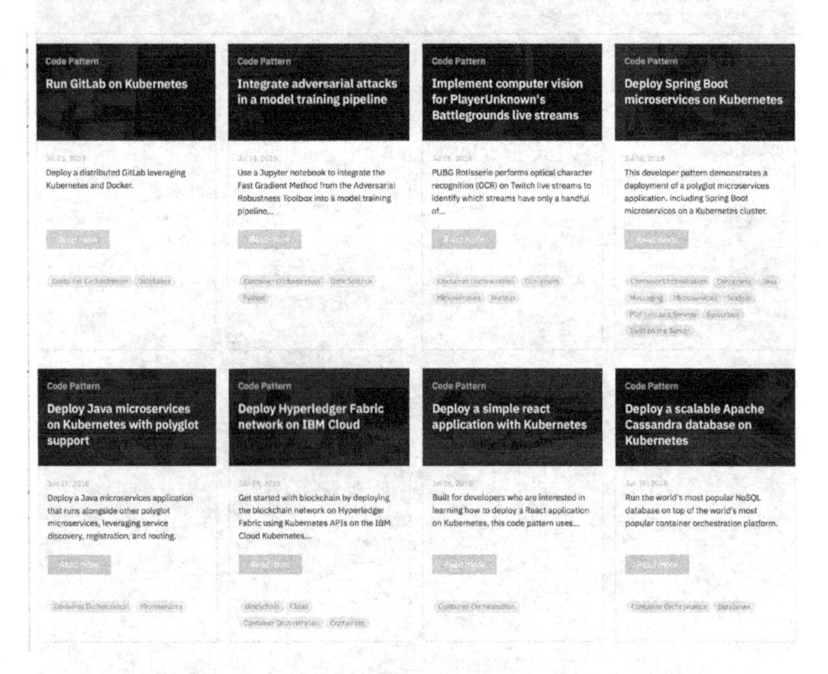

图 8-3　IBM 开发者网站 Kubernetes 代码模式页面

(https://developer.ibm.com/technologies/container-orchestration/)

Kubernetes 贡献者体验 SIG

Kubernetes 社区非常重视其贡献者的幸福体验。事实上，他们有一个完整的 SIG，即 *Contributor Experience SIG*，致力于改善贡献者的体验。贡献者体验 SIG 是一群了不起的人，他们想要更多地了解你，并了解你在成为 Kubernetes 贡献者时可能遇到的问题。Contributor Experience SIG 网站（如图 8-4 所示）位于 Kubernetes 社区的 GitHub 上(http://bit.ly/2DJacKC)。你可以花一些时间访问该网站，了解有关如何联系贡献者体验 SIG 的更多信息，并了解有关其所关注的贡献者主题的更多信息。

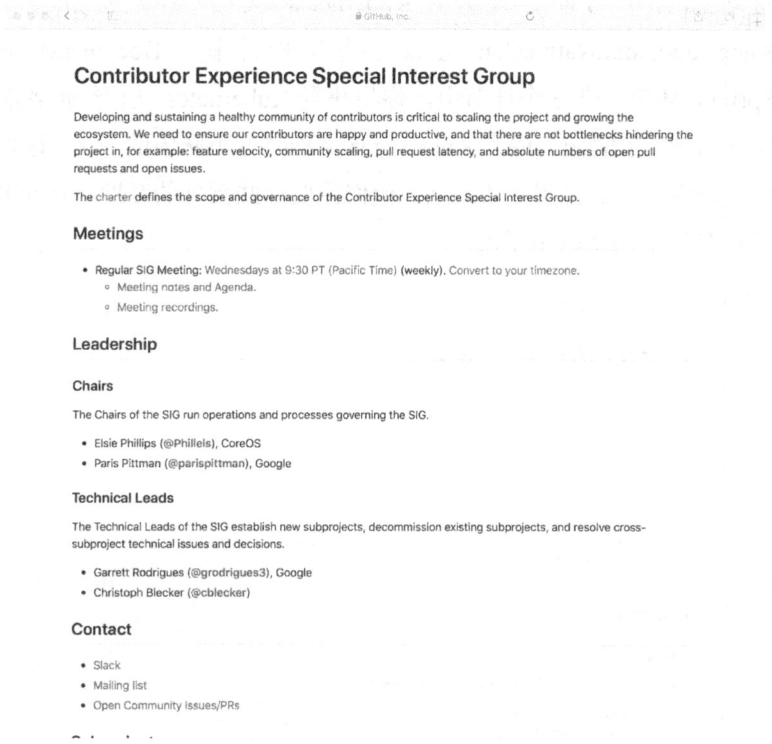

GitHub, Inc.

Contributor Experience Special Interest Group

Developing and sustaining a healthy community of contributors is critical to scaling the project and growing the ecosystem. We need to ensure our contributors are happy and productive, and that there are not bottlenecks hindering the project in, for example: feature velocity, community scaling, pull request latency, and absolute numbers of open pull requests and open issues.

The charter defines the scope and governance of the Contributor Experience Special Interest Group.

Meetings

- Regular SIG Meeting: Wednesdays at 9:30 PT (Pacific Time) (weekly). Convert to your timezone.
  - Meeting notes and Agenda.
  - Meeting recordings.

Leadership

Chairs

The Chairs of the SIG run operations and processes governing the SIG.

- Elsie Phillips (@Phillels), CoreOS
- Paris Pittman (@parispittman), Google

Technical Leads

The Technical Leads of the SIG establish new subprojects, decommission existing subprojects, and resolve cross-subproject technical issues and decisions.

- Garrett Rodrigues (@grodrigues3), Google
- Christoph Blecker (@cblecker)

Contact

- Slack
- Mailing list
- Open Community Issues/PRs

图 8-4　Kubernetes 贡献者体验 SIG 网站主页 (http://bit.ly/2DJacKC)

Kubernetes 文档 SIG

如果你不愿意为 Kubernetes 源代码做贡献，但仍然非常希望加入 Kubernetes 社区并成为贡献者，那么为 Kubernetes 文档 SIG 工作可能是你的最佳选择。该 Kubernetes 文档 SIG (http://bit.ly/2OSwg6l) 维护 Kubernetes 文档库。图 8-5 显示此 SIG 主页的快照。这个团队用来接受 GitHub 拉取请求贡献的流程，与 Kubernetes 代码库使用的流程基本相同。因此，即使你的长期目标是成为 Kubernetes 代码贡献者，学习如何成为文档贡献者的技能也将对你有所帮助。此外，Kubernetes 文档 SIG 通常会在 KubeCon/CloudNativeCon 会议上有文档冲刺（Documentation Sprint）环节。在这个环节中，你将获得 Kubernetes 文档维护者的实践培训，了解如何成为 Kubernetes 文档共享小队中的一员。这种环境非常适合新的潜在贡献者，他们需要一些额外的帮助，或者更喜欢在较小的团队中学习。

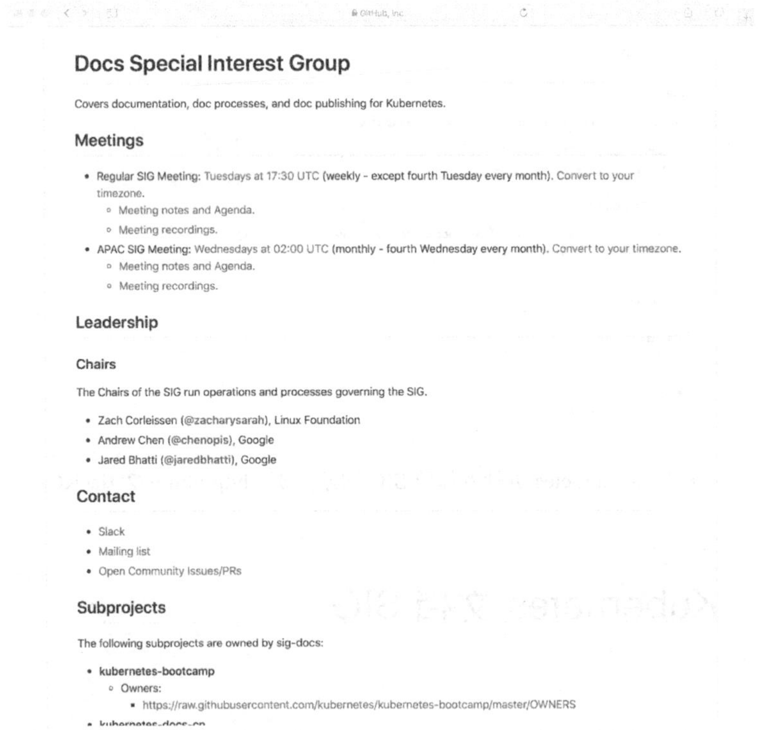

图 8-5 Kubernetes 文档 SIG 网站主页 (http://bit.ly/2OSwg6l)

Kubernetes IBM Cloud SIG

如果你有兴趣了解 IBM Cloud Kubernetes 服务和 IBM Cloud Private 平台的更多信息，那么加入 Kubernetes IBM Cloud SIG，这将是你的最佳选择。许多来自 IBM Cloud 的开发人员和领导者都在这个小组中公开工作。你还可以直接与构建和运营 IBM Cloud 的团队沟通。你可以在 GitHub 页面 (http://bit.ly/2xXy7Qm) 上找到有关该小组及其会议的更多信息。

第 9 章 Kubernetes 的未来

花一些时间参加 KubeCon/CloudNativeCon 会议，你很快就会得出一个结论，即 Kubernetes 的前途非常光明。参加 KubeCon/CloudNativeCon 会议的人数继续呈现爆炸式增长。此外，**Kubernetes 开源社区的贡献者**(https://www.cncf.io/)还在继续壮大。采用 Kubernetes 的行业数量令人震惊。在本章中，对 Kubernetes 的未来发展做了一些预测。具体而言，我们希望看到 Kubernetes 在传统应用程序迁移到云原生应用程序、高性能计算、机器学习和深度学习应用程序，以及混合云环境等领域的增长。

传统企业应用程序向云原生应用程序的迁移增长

随着 KubeCon/CloudNativeCon 会议上不断宣传和强调最为精彩的 Kubernetes 企业成功故事，预计将来会有越来越多的传统企业应用程序会迁移到云原生应用程序上运行。而工具化和容器化的企业中间件是这种转变的催化剂，旨在简化将企业应用程序迁移到基于 Kubernetes 的云原生环境的过程。当采用基于 Kubernetes 容器(https://ibm.co/2OjOzo3)的开发方式(https://ibm.co/2OjOzo3)时，越来越多的企业客户将体验到提高应用程序质量、减少缺陷、缩短部署时间及改进自动化和 DevOps 带来的好处。

采用 Kubernetes 进行高性能计算的增长

Kubernetes 及其基于容器的方法具有多种优势，使环境非常适合高性能计算应用程序。由于 Kubernetes 是基于容器的，因此该平台启动新任务所需的开销较少，并且任务的操作可以比基于虚拟机（VM）的云计算环境支持的操作更精细。使用容器相比 VM 对于计算任务的创建和销毁相关的延迟的减少，将会大大提高高性能计算环境的可伸缩性。此外，与可创建的有限数量的 VM 相比，在物理服务器上可以运行更多的容器，也是提高高性能应用程序的效率的另一个关键优势。

除了减少延迟，Kubernetes 环境还支持并行工作队列模型。你可以在 *Kubernetes Up and Running*（O'Reilly，作者为 Kelsey Hightower、Brendan Burns 和 Joe Beda）一书中看到对 Kubernetes 工作队列模型的精彩概述。这本书中描述的工作队列模型本质上是“任务包”并行计算模型。研究表明，这种并行计算模型是在集群环境中执行高性能并行应用程序的一种优越方法[1]。基于这些因素，以及大量提供基于 Kubernetes 的环境的云计算环境，我们预计高性能计算社区对 Kubernetes 的采用将有大幅增长。

---

1 Schmidt BK，Sunderamvs. “Empirical Analysis of Overheads in Cluster Environments”, 1994（6）：1-32.

Kubernetes 将成为机器学习和深度学习应用程序的事实平台

机器学习和深度学习应用程序通常需要高度可扩展的环境，具有这些领域专业知识的数据科学家对于在生产规模上运行应用的知识可能有限。与我们在上一节中为采用 Kubernetes 进行高性能计算所提供的理由类似，我们预计机器学习和深度学习环境将从采用基于 Kubernetes 的环境作为其主要平台中获益。实际上，kubeflow(https://github.com/kubeflow/kubeflow) 等专注于为机器学习应用程序提供基于 Kubernetes 的开源平台的计划，已经吸引了大量的开源项目贡献者加入其中。

Kubernetes 将成为多云平台

如果你花时间阅读过了这本书，对最后这个预测应该并不意外。随着 Kubernetes 巨大的增长，并在众多公有云和私有云产品中被使用，以及其重点在于互操作性和基于容器的工作负载迁移的简易性，Kubernetes 已经成为多云环境的理想平台。Kubernetes 的未来看起来非常光明，激动人心的时代就在前方！

结论

在本书中，我们介绍了大量的 Kubernetes 主题，包括容器和

Kubernetes 的兴起，以及云原生计算基金会的积极影响。描述了 Kubernetes 的架构、核心概念及更高级的功能。接着，浏览了企业级生产应用程序，并讨论了持续交付的方法。之后，探讨了对于在企业环境中应用的操作，重点是日志收集和分析，以及健康管理。还研究了 Kubernetes 集群操作和混合云特定的注意事项和问题。最后，介绍了几种可用于帮助你成为 Kubernetes 社区贡献者的资源，简短讨论了 Kubernetes 的未来。希望你在开始将企业级 Kubernetes 应用程序部署到生产环境中的过程中会发现本书很有用，并希望它能够加速提升你充分利用基于 Kubernetes 的混合云环境的能力。

附录 A 配置本书中使用的 Kubernetes

在本书中，使用了两个 Kubernetes 提供程序：一个用于演示 Kubernetes 作为托管服务，你可以在 IBM 的全球数据中心运行该服务；第二个是将 Kubernetes 演示为一个软件包，它可以安装在你选择的基础架构上。

在数据中心中配置 IBM Cloud Private

以下部分描述了如何配置 IBM Cloud Private，以及在运行本书中讨论的示例时要使用的支持命令行界面。

配置 IBM Cloud Private Kubernetes 集群

你可以通过多种方式在自己的基础架构上开始使用自己的企业级 Kubernetes 集群。

首先，IBM Cloud Private 作为 Kubernetes 的软件发行版本，

你可以把它部署在自己的基础架构（VMware、裸机、OpenStack）或各种公有云上。访问 GitHub 代码库 (http://bit.ly/2NL6btp) 以获取可用的自动化过程。

对于本地实验，可以通过以下代码在自己的笔记本电脑上模拟一个多工作集群：

```
git clone
https://github.com/IBM/deploy-ibm-cloud-private.git
cd deploy-ibm-cloud-private
```

打开 Vagrantfile，并根据计算机容量进行自定义：

```
# Vagrantfile
...
# most laptops have at least 8 cores nowadays
# ( adjust based# on your laptop hardware )
cpus = '2'

# this will cause memory swapping in the VM
performance is decent with
# SSD drives but may not be with# spinning disks
#memory = '4096'

# use this setting for better performance if you have the
ram# available
# on your laptop uncomment the below line and comment out
the above line
# "#memory = '4096'"
memory = '10240'
...
```

现在，只需要调出 Vagrant VirtualBox 机器。在它出现时，IBM Cloud Private 将使用 DockerHub 上提供的 Community Edition 进行

配置。

```
vagrant up
```

配置 IBM Cloud Private Kubernetes 命令行界面

可以从 Web 控制台下载 kubectl 命令行界面，该界面可协助授权和完成其他特定于产品的任务。

```
sudo curl -ko /usr/local/bin/bx-pr
https://mycluster.icp:8443/
api/cli/icp-linux-amd64
sudo chmod u+x /usr/local/bin/bx-pr
```

要确保你具有 kubectl 和 Helm 的兼容版本，还可以从用于配置集群的 IBM Cloud Private 启动容器，复制二进制文件：

```
sudo docker cp $(docker ps -qa --latest --filter \
"label=org.label-schema.name=icp
inception-amd64"):/usr/local/bin/kubectl
/usr/local/bin/kubectl\

sudo docker cp $(docker ps -qa --latest --filter \
"label=org.label-schema.name=icp-inception-amd64"):\
/usr/local/bin/helm /usr/local/bin/helm
```

要授权你的命令行环境与 Kubernetes 一起使用，请使用 bx-pr 登录，然后配置 kubectl 和 Helm：

```
bx-pr login -a https://mycluster.icp:8443/
-u admin --skip-ssl-validation
API endpoint: https://mycluster.icp:8443/

Password>
```

```
Authenticating...
OK

Select an account:
1. mycluster Account (id-mycluster-account)
Enter a number> 1
Targeted account mycluster Account
(id-mycluster-account)

Configuring helm and kubectl...

Configuring kubectl:
/Users/mdelder/.bluemix/plugins/icp\
/clusters
/mycluster/kube-config
Property "clusters.mycluster" unset.
Property "users.mycluster-user" unset.
Property "contexts.mycluster-context" unset.
Cluster "mycluster" set.
User "mycluster-user" set.
Context "mycluster-context" created.
Switched to context "mycluster-context".

Cluster mycluster configured successfully.

Configuring helm: /Users/mdelder/.helm
Helm configured successfully
OK
```

按照提示输入密码，并选择集群。通过运行带有 kubectl 的命令确认现在可以访问，例如：

```
kubectl get pods
```

IBM Cloud Kubernetes 服务

我们建议引用 IBM Cloud Kubernetes Service 文档，以获取有关如何快速安装和运行 CLI 的信息。你可以在 *iks-cli(http://ibm.biz/iks-cli)*上找到关联支持文档。完成配置之后，可以使用 ibm Cloud KS cluster-config<myclustername>快速、轻松地获得 Kubernetes 配置文件。

附录 B
配置开发环境

配置 Java

Java 为各种应用程序的开发提供了强大的企业级语言支持。要从源代码构建 Java 应用程序，你需要 Java 软件开发工具包（Java SDK）。要运行编译为 Java Archives（*.jar，*.war，*.ear）的 Java 应用程序，需要 Java Runtime Environment（JRE）。

Java 有很多选项。我们推荐使用 IBM 的 Java SDK (https://developer.ibm.com /javasdk/ downloads/)。

配置 Maven

Apache Maven 是一种非常受欢迎的 Java 应用程序构建工具。你可以从 Apache 的网站 (**https://maven.apache.org/install.html**)下载和配置 Maven。

配置 Docker

本书中的示例使用 Docker 创建与 Open Container Initiative（OCI）兼容的镜像。Docker 运行符合 OCI 标准的镜像，并提供易于使用的 API 和工具来处理这些镜像。你可以从 Docker 官网(https://www.docker.com/get-docker) 为你的平台配置 Docker。

附录 C 配置 Docker 从私有仓库拉取镜像

Docker 根据其传输层安全性（TLS）证书的有效性建立对远程镜像仓库的信任。如果你的集群使用自签名证书，Docker 会将其默认为“不安全”。

你可以使用 docker info 命令确认 Docker 运行时允许的不安全的注册表，如下所示：

```
docker info| grep -A 20 "Insecure Registries"
Insecure Registries:
 mycluster.icp:8500
 127.0.0.0/8
Live Restore Enabled: false
```

为你的平台配置不安全的注册表可能会有所不同，但基本流程是扩展 DOCKER_OPTS，以显式列出允许 Docker 运行时与之交互的每个不安全注册表。

编辑 Docker daemon 配置以添加 IBM Cloud Private 集群的别名，默认情况下为 `mycluster.icp:8500`。根据安装步骤和平台不同，配置文件可能位于 `/etc/docker/daemon.json`、

~/.docker/daemon.json 或 C:\ProgramData\docker\config\daemon.json。

```
cat ~/.docker/daemon.json
{
  "debug" : true,
  "insecure-registries" : [
   "mycluster.icp:8500"
   ],
   "experimental" : true
}
```

然后，更新 /etc/hosts 配置，将此主机名（当 Docker 连接到端点时由证书提供）的别名定为集群的特定公共 IP：

```
cat /etc/hosts | grep mycluster.icp
1.1.1.1 mycluster.icp
```

重启 Docker 使此更改生效。

要查找适用于平台的更多详细信息，请参阅 Docker 文档(https://docs.docker.com/ registry/insecure/)。

附录 D 为 Docker Cloud 生成 API Key

由 Docker 商店管理的镜像需要授权才能被访问。你需要一个账户来部署本书中使用的一些示例。在撰写本文时，Docker Cloud 已经不推荐使用了，但是并没有替代创建 API 密钥的功能。那么下面会介绍如何创建 API Key。

1. 从 Docker 商店(https://store.docker.com/)订阅镜像后，导航到 Swarm 网站(https://cloud.docker.com/swarm)。
2. 在右上角，单击账户下拉菜单，然后选择 Account Settings。
3. 向下滚动到 API Keys 部分，然后单击 Add API key。
4. 输入 API Key，然后单击 OK，将显示 API Key。
5. 将你的 API Key 存储在安全的位置以供参考，它只显示一次。

关于作者

Michael Elder 是 IBM 的杰出工程师。他是 IBM 私有云平台的监督和技术领导，重点关注 Kubernetes 和企业需求。

Jake Kitchener 是 IBM 的高级技术人员（STSM），是 IBM Cloud Kubernetes Service 的技术领导。他的工作重点是用户体验、可扩展性、可用性和系统架构。

Brad Topol 博士是 IBM 的杰出工程师，主要致力于开放技术和开发人员倡导的工作。Brad 也是 Kubernetes 的贡献者，是 Kubernetes Conformance Workgroup 的成员，也是 Kubernetes 文档维护者。1998 年，他获得佐治亚理工学院的计算机科学博士学位。

读者调查表

尊敬的读者：

自电子工业出版社工业技术分社开展读者调查活动以来，收到来自全国各地众多读者的积极反馈，他们除了褒奖我们所出版图书的优点外，也很客观地指出需要改进的地方。读者对我们工作的支持与关爱，将促进我们为你提供更优秀的图书。你可以填写下表寄给我们（北京市丰台区金家村 288#华信大厦电子工业出版社工业技术分社　邮编：100036），也可以给我们电话，反馈你的建议。我们将从中评出热心读者若干名，赠送我们出版的图书。谢谢你对我们工作的支持！

姓名：________　　性别：□男　□女

年龄：________　　职业：________

电话（手机）：____________　　E-mail：________________

传真：__________________　　通信地址：________________

邮编：______________

1．影响你购买同类图书因素（可多选）：

□封面封底　□价格　□内容提要、前言和目录

□书评广告　□出版社名声

□作者名声　□正文内容　□其他______________________

2．你对本图书的满意度：

从技术角度　□很满意　□比较满意

□一般　□较不满意　□不满意

从文字角度　□很满意　□比较满意　□一般

□较不满意　　□不满意

从排版、封面设计角度　　□很满意　　□比较满意

□一般　　□较不满意　　□不满意

3．你选购了我们哪些图书？主要用途？

4．你最喜欢我们出版的哪本图书？请说明理由。

5．目前教学你使用的是哪本教材？（请说明书名、作者、出版年、定价、出版社），有何优缺点？

6．你的相关专业领域中所涉及的新专业、新技术包括：

7．你感兴趣或希望增加的图书选题有：

8．你所教课程主要参考书？请说明书名、作者、出版年、定价、出版社。

邮寄地址：北京市丰台区金家村 288#华信大厦电子工业出版社工业技术分社

邮编：100036

电　　话：010-88254479　E-mail：lzhmails@phei.com.cn　　微信 ID：lzhairs

联 系 人：刘志红

电子工业出版社编著书籍推荐表

姓名		性别		出生年月		职称/职务	
单位							
专业				E-mail			
通信地址							
联系电话				研究方向及教学科目			
个人简历（毕业院校、专业、从事过的以及正在从事的项目、发表过的论文）							
你近期的写作计划： 你推荐的国外原版图书： 你认为目前市场上最缺乏的图书及类型：							

邮寄地址：北京市丰台区金家村 288#华信大厦电子工业出版社工业技术分社
邮编：100036
电　　话：010-88254479　E-mail：lzhmails@phei.com.cn　　微信 ID：lzhairs
联 系 人：刘志红

反侵权盗版声明